高等院校"十三五"应用型艺术设计教育系列规划教材

服装 CAD 实训教程

倪要武　陈　昊　主编

合肥工业大学出版社

图书在版编目(CIP)数据

服装 CAD 实训教程/倪要武,陈昊主编 . —合肥:合肥工业大学出版社,2018.12
ISBN 978 - 7 - 5650 - 4344 - 4

Ⅰ.①服… Ⅱ.①倪…②陈… Ⅲ.①服装设计—计算机辅助设计—AutoCAD 软件—教材 Ⅳ.①TS941.26

中国版本图书馆 CIP 数据核字(2018)第 300816 号

服装 CAD 实训教程

倪要武　陈　昊　主编　　　　　　　　　　责任编辑　李娇娇

出　版	合肥工业大学出版社	版　次	2018 年 12 月第 1 版
地　址	合肥市屯溪路 193 号	印　次	2018 年 12 月第 1 次印刷
邮　编	230009	开　本	889 毫米×1194 毫米　1/16
电　话	艺术编辑部:0551 - 62903120	印　张	7.5
	市场营销部:0551 - 62903198	字　数	160 千字
网　址	www.hfutpress.com.cn	印　刷	安徽联众印刷有限公司
E-mail	hfutpress@163.com	发　行	全国新华书店

ISBN 978 - 7 - 5650 - 4344 - 4　　　　　　　　定价：38.00 元

前言

  服装 CAD 系统是计算机技术在服装企业应用的典型示例，可以大幅度提高服装企业的生产效率。服装 CAD 软件正被越来越多的服装企业所使用，熟练掌握服装 CAD 软件及相关硬件的操作方法是现代服装类专业学生及从事服装设计、制作、加工等相关技术人员必须掌握的技能。目前，有关系统介绍服装 CAD 软件的图书还是偏少，针对国内外市场上纷繁多样的服装 CAD 系统，更多的时候从教者、学习者、使用者往往都感到无所适从，选择何种软件进行教学是从教者的一大难题。本书选择服装大师 CAD 软件进行介绍，是因为这款服装 CAD 软件简单易学、上手快、针对性强且普及面较广，特别适合中小型的服装企业使用。

  《服装 CAD 实训教程》系统地介绍了服装 CAD 技术产生、发展及目前市场的应用状况，并结合了大量的制版实例和操作过程的图片来讲授软件的具体使用办法和技巧，力求做到简洁、直观，操作性好，实战性强，能切实做到锻炼学生的设计创新能力和综合实践能力。本书可作为高等院校服装设计专业的实训教材，也可供服装企业相关人员和服装设计爱好者使用。

  本实训教程由盐城工学院倪要武、陈昊两位老师共同编著，韩可、沈袁霞、顾雷等几位同学在编写过程给予了极大的帮助，在此一并衷心的感谢！

  由于编写时间较紧，书中难免存在不足之处，恳请大家提出宝贵意见。

倪要武

2018 年 10 月

第一章 服装 CAD 概述

第一节 服装 CAD 简介

随着现代高科技的发展，特别是信息技术日新月异的发展，计算机应用技术已经渗透到各个领域。例如，服装 CAD 技术的出现便要归功于科技的力量，它缓解了当时服装作为传统的劳动密集型产业所带来的批量化生产的瓶颈。

CAD（Computer Aided Design），是计算机辅助服装设计的英文缩写，而应用于服装设计领域的 CAD，我们称之为"服装 CAD"。服装 CAD 是集计算机图形学、数据库、网络通信等计算机功能和其他领域知识于一体的一项综合性高新技术。它利用计算机的软、硬件技术，对服装产品的服装工艺过程按照服装设计的基本要求，完成输入、设计和输出等工序，实现了服装的款式设计、结构设计、打版排料及工艺管理等一系列设计的计算机化。

服装 CAD 还与服装计算辅助制造（CAM）相结合，实现企业的自动化生产，增强服装企业在市场中的竞争力，有效避免了因人工因素带来的失误，便于生产管理，缩短服装设计周期，减轻劳动强度，提高工作效率和设计质量，所以说服装 CAD 是信息化带动传统产业改造的典型技术，也成为衡量一个国家服装工业水平的标志和衡量服装教学手段先进性的标尺。

第二节 服装 CAD 技术的发展

纺织与服装行业的设计师们对于通过计算机来进行处理图形方面的认识比较晚，所以服装 CAD 技术对比其他 CAD 技术起步相对较晚。世界上第一套服装 CAD 产品诞生于 20 世纪 70 年代的美国，接着，日本、法国、德国等国家都相继推出了服装 CAD 的产品，其中以美国的格柏（GERBER）公司的系统最为著名，它对服装生产数字化起到了关键性作用。

国外的服装 CAD 技术也使国内的服装行业认识和了解到什么是服装 CAD 技术，我国服装

CAD 软件的研究始于"六五"期间，到"八五"后我国才真正地推出了自己的商品化的服装 CAD 产品。对比国外的产品，我国 CAD 产品虽然在研发时间上较短，但是发展速度是非常快的，并且我国自行研发的 CAD 产品更符合国内服装企业的生产和各大高校的教学需求。随着服装 CAD 技术的发展，CAD 产品价格逐渐合理化，尤其是国产服装 CAD 产品，具有实用性、适用性、可维护性等优势，再加上我国 CAD 产品能选购不同的系统组合，使实现个人电脑打版变得更容易。

服装 CAD 正朝着三维化、智能化、网络化的方向发展，目前服装 CAD 技术还局限于二维 CAD 技术，因此，服装 CAD 的三维技术已经成为世界性的课题，目前服装纸样的智能化和服装 CAD 的三维技术正在深入的研究中，国外先进国家在三维技术上已有突破，但是与实际需求还是有很大差距。近几年，我国也在这方面投入了研究，在打版纸样的智能化上已经完成了基本的理论研究，现已有服装 CAD 的三维技术产品投入使用。随着我国计算机应用水平的不断提高，经济规模的扩大，以及管理水平、人员素质、技术水平的提高，服装 CAD 的产品软件必将有长足的发展。

目前我国企业应用 CAD 普及率和国外相距甚远，很多知名企业认为 CAD 是一种高科技的工具，可以显示实力，但是他们对 CAD 的认识并不深刻，所以盲目引进，致使 CAD 系统在企业中不能更好地发挥效用。

国内外服装 CAD 软件较多，且国内每个地区用的服装 CAD 品牌也不同，下面分别对国内外的服装 CAD 软件进行简要介绍。

第三节　国内外服装 CAD 介绍

一、格柏 CAD（Gerber）

美国格柏科技公司为缝制品和软性材料制品行业提供自动化生产系统的技术支持，其生产系统包括生产计划、成本核算、设计、纸样开发、排版、铺布、裁剪等生产工序。格柏针对服装产业的特点推出了两套服装 CAD 系统，一套是 AM－5 系统，以 HP 小型机为主机；另一套是 Accumark 系统，以 IBM PC 为主机。AM－5 系统有输入放码规则，自动进行样板放码操作，以人工交互方式进行排料，自动计算布料利用率，通过绘图机自动绘制排料图和样板图，利用计算机自动裁剪系统进行精准剪裁等主要功能。Accumark 系统则是新一代服装 CAD 系统的发展代表。它采用了微机工作站结构，与以太网相互通信而使容量达到几百兆甚至几千兆的服务器作为它的信息存储和管理中心。该系统将自动裁床系统、单元生产系统、管理信息系统以及其他系统通过网络连接起来，形成计算机集成化制造系统（CIMS）。

二、力克服装 CAD（Lectra）

网站：http：//www. lectra. com/

力克标志性的样板设计和放码系统可让用户在实现严格质量控制的同时，对不断增长的产品系列进行管理并处理有增无减的个别定制样板。采用力克公司闻名遐迩的样板设计系统，用户可对各种类型的服装进行协调一致的放码工作。

三、艾斯特服装 CAD（Assyst）

德国艾斯特奔马公司是一家世界知名的跨国公司，总部设在慕尼黑，它在欧美服装企业界享有盛誉，拥有服装 CAD/CAM 界"奔驰"的美称，已在美、意、英、法等国设立了分公司，并在 40 多个国家设有办事机构。它在全球拥有 14000 多个 CAD 工作站，服务于遍布 60 多个国家的上万家用户，以及数千台自动裁床、5000 多台铺布机，正源源不断地为企业创造价值。作为国际著名品牌，艾斯特奔马系统以其技术的先进、服务的可靠和系统的精良著称，它专为服饰、汽车、家具以及特种纺织面料企业提供服务，提高了企业竞争力。德国中大型服装生产商的 90％和欧洲 250 家最大服装生产商的 30％多都是艾斯特的用户。在中国，杉杉、雅戈尔、上海延锋江森、无锡诺曼、深圳德曼妮、青岛正远和沈阳 5305 厂，以及中国应用服装 CAD 规模最大的广东华登高质等都是艾斯特的用户。正如众人所知晓的其他德国产品品质一样，艾斯特秉承德国人一贯的严谨作风、务实态度，其卓越性能、优质服务在竞争同行之中独领风骚。它的特点和用途如下所列。

德国艾斯特的特点：（1）优秀的德国软件编程和精确的数学算法确保样板放码图形光滑不变形，以及实现无误差高品质生产；（2）集中智能化和自动化于一体，使企业的效率提高 40％～50％，有的甚至翻一番；（3）内置强大的 ORACLE 数据库，可以使数据安全，也可以使部门间数据共享，以此来增加企业核心竞争力；（4）功能完善，易学易用，兼容各种数据及外部设备；（5）维护成本低，确保投资回报。

用途：（1）适用于各种规模的企业；（2）适用于玩具、家具、汽车座椅和航空航天等行业。

四、服装大师

网站：http：//www. fzds－cad. com/product. asp

服装大师 CAD 软件综合了国内流行的各类 CAD 软件的优点，界面简约、操作简易、兼容性好、性价比高。华南农业大学、安徽农业大学等高等院校都采用它作为教学软件。

五、富怡服装 CAD（Richpeace）

网站：http：//www. richpeace. com. cn/

富怡服装 CAD 技术是由深圳市盈瑞恒科技有限公司研制开发的。富怡产品建立了以服装企业、服装院校和服装技能培训机构为主体的多元化营销渠道。富怡产品拥有 adidas、李宁、美特斯邦威等 5000 多家大中型企业用户群。现有产品包括富怡款式设计系统、富怡服装打版系统、富怡服装放码系统、富怡服装排料系统、富怡服装 CAD 专用外围设备、富怡服装工艺单系统、服装企业管理软件和全自动电脑裁床等。

六、航天服装 CAD（Arisa）

网站：http：//51sole342319. 51sole. com/

航天服装 CAD 是在国家"八五"科技攻关计划的支持下，由航空航天工业部 710 研究所的一百多名科研人员，经十多年的努力于 1985 年成功研制开发的服装 CAD 系统。在 1996 年，航天服装 CAD 被中国服装协会和中国服装总公司列为五个品牌服装 CAD 之首。1999 年，航天服装 CAD 更是代表所有 CAD 软件系统参加了中华人民共和国五十周年辉煌成就展。

七、爱科服装 CAD（ECHO）

网站：http：//www.opdown.com/

ECHO 服装 CAD 一体化系统产品的先进性、实用性、集成性得到了国际以及国内专业机构、人士的认可，并多次在尖端产品的发布中取得重要奖项和得到很好的反馈，同时被广大的业内公司推荐为"可以选择的服装 CAD 软件品牌"。迄今为止 ECHO 服装 CAD/CAM/ERP 系统已覆盖京、沪、浙、苏、粤、闽、蜀、鲁等主要服装生产基地，拥有近千家的客户。

第二章　服装大师 CAD 系统

第一节　系统安装

在进入服装大师智能系统之前，首先要安装系统，安装方法如下。

1. 首先要安装加密狗，双击图标 软件狗驱动程序.exe  安装加密狗驱动程序。

根据提示选择下一步，如图 2-1 所示。

图 2-1

根据提示选择下一步，直到安装完成，如图 2-2 所示。

安装完成之后将加密狗插在电脑主机的 USB 接口上，这时加密狗后面的灯会亮。

图 2-2

2. 将软件全部复制到计算机的硬盘里，然后将图标发送到桌面，然后创建快捷方式。如果是网络版软件的话，要连同服务器一起发送到桌面来创建快捷方式，以便后期使用。

3. 网络版软件要先运行服务器，然后才能运行软件，运行软件之后需要输入服务器地址。服务器的地址直接输入插加密狗的这台电脑的完整计算机名即可，其余副机要在主机上的服务器运行之后才可以正常进入，在登录时，服务器的地址输入插加密狗的这台电脑的完整计算机名即可，输入后点击确定即可进入。

第二节　系统界面初识

打开桌面的运行程序，进入服装大师智能 CAD 系统主欢迎界面，如图 2-3 所示。在欢迎界面上有新建款式、打开款式、数字化仪、文件转换、在线学习、技术支持六个图标。

图 2-3

1. 新建款式

直接单击欢迎界面中新建款式即弹出创建新款式文件对话框，输入文件名，点击"保存"即可弹出规格表设置窗口，如图 2-4 所示。规格表设置完之后点击"确定"即可进入当前款式页面进行制图，如图 2-5 所示。

图 2-4

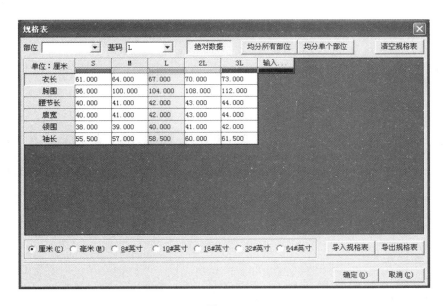

图 2-5

2. 打开款式

直接单击欢迎界面中打开款式弹出"打开文件"对话框，选择相应的款式文件打开。不同的版本文件不通用，如工业版生成的文件用学习版是打不开的，并且会提示数据格式不兼容，如图 2-6 所示。

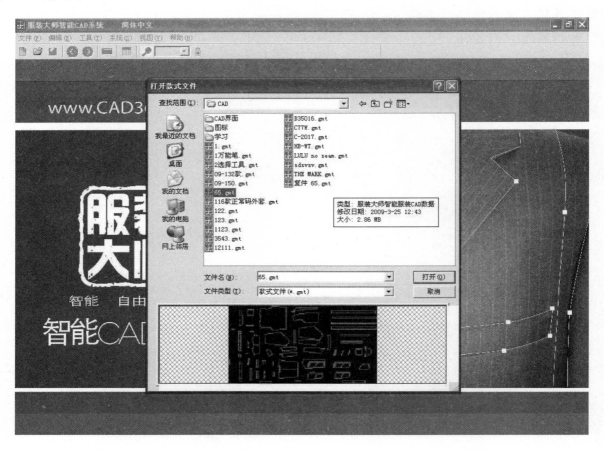

图 2-6

3. 数字化仪

直接单击欢迎界面中数字化仪弹出新建款式对话框，输入款式文件名，建立相对应的规格表之后即可进入数字化仪读图界面。在数字化仪开启并且连接正常的情况下点击"起始"开始读图。

图 2-7

（1）展开：展开提示项，如 1 代表端点；3 代表曲线点；4 代表刀口等。

（2）拾取范围，用于调整在数字化仪读图过程中，如果点过于密集将拾取范围设置小一点就可以了；在读图的过程中要根据线的形状适当调整拾取范围的大小。

（3）X 向校正、Y 向校正，是用于校正数字化仪读图误差的。校正方法：先读一个 50×50 的正方形进来，在电脑里测量实际尺寸，如有误差就用 50 除以实际电脑尺寸填入相对应的 X、Y 向即可。

4. 文件转换

直接单击欢迎界面中文件转换弹出导入 DXF 文件对话框，选择要转换的 DXF 文件，指示转换后要存储的位置，选择单位（常用毫米）。

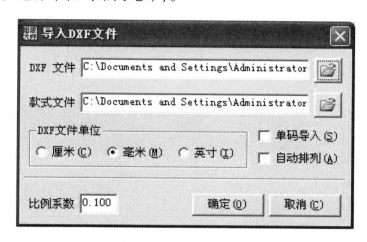

图 2-8

备注：在导入 DXF 文件的时候要根据 DXF 文件的内容来选择相应的语言以及是否选择单码导入。如：日本发来的 DXF 文件就要用日语版导入，这样才可以确保裁片上标注的信息能正常显示以及裁片造型和放码的准确性；比例系数可以用于单位转换，例如导如微米为单位的 dxf 文件，方法是选择好想要导入的单位，在输入导入单位与 dxf 文件的比例系数。如 dxf 文件的单位是微米，我们要用厘米导入，在比例系数栏里面输入 0.01 导入即可。导入的单位既是厘米显示。

5. 在线学习

直接单击欢迎界面中在线学习可以链接到 www. CAD361. com 在网站上有相关资料及视频教程。

6. 技术支持

单击欢迎界面中技术支持可以显示软件版本以及公司信息和全国各地的 4S 联系方式，以方便客户就近解决问题。

第三章　服装大师 CAD 制版介绍

第一节　制版工作界面分布

一、主菜单栏的使用说明

（一）主菜单：文件(F)　编辑(E)　工具(T)　系统(S)　帮助(H)

● 文件：包括新建 (N)、打开 (O)、保存 (S)、另存为 (A)、导入 DXF (I)、导出 DXF (E)、导出 EXCEL (L)、导出 TAC 文件、关闭 (C)、最近访问的文件、退出 (X)，如图 3-1 所示。

1. 新建 (N)：同标准工具条中新建款式。

2. 打开 (O)：同标准工具条中打开款式。

3. 保存 (S)：保存当前款式，系统为自动保存，无对话窗口弹出。

4. 另存为 (A)：保存模式分为完全保存、仅保存结果。

·完全保存：另存后的款式带操作步骤数据全部保存。

·仅保存结果：只另存操作结果，不带之前的操作步骤数据。

另存为比较适合用于改款。因为裁片、放码等各种信息都需要保存。

5. 导入 DXF (I)：转换 DXF 文件为 gmt 格式的文件。

6. 导出 DXF (E)：将 gmt 格式的文件转换为 DXF 文件。

7. 导出 EXCEL (L)：将当前款式的规格表以及排料信息全部生成 EXCEL 表格。

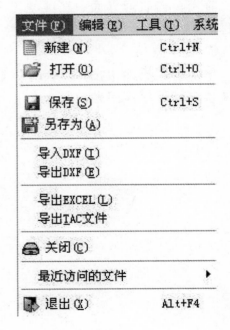

图 3-1

8. 导出 TAC 文件：导出 TAC 裁床文件功能，主要是在排料文件输出到"和鹰""拓卡奔马"及"川上"裁床时用到。

9. 关闭（C）：关闭当前款式文件，返回主界面。

10. 最近访问的文件：系统会记录最近访问 10 个款式的文件。

11. 退出（X）：退出当前操作系统。

注：当软件没有检测到加密狗时将无法关闭当前款式数据、无法关闭软件，避免用户因误操作而丢失数据。关闭软件或刷新排料数据时增加了进度显示，这是为了避免用户还没完成数据保存时就拔出加密狗导致数据丢失。

● 编辑：包括撤销（U）、恢复（R）、复制（C）、粘贴（P）。

1. 撤销：同工具条中的撤销，即后退一步。

2. 恢复：将撤销的步骤返回到当前操作。

3. 复制：复制当前款式的结构图。框选要复制的要素，右键确认即可将当前款式复制到剪贴板中。复制时以当前码为基准数据，并且提取各个顶点的放码量（按均档放码处理）。在粘贴的时候，复制的码即为粘贴后的基码。

4. 粘贴：将复制的结构图粘贴到当前款式中。直接点击"粘贴"即可将复制在剪贴板的要素粘贴到当前款式中，并且全部是结构图。

● 工具：包括打印马克图（P）、切绘一体机输出（M）、打印放码图（R）、切割机（C）、数字化仪（D）、指定切割（S）、线条颜色设置、线型设置、文字标注（L）、贴边（W）、图形对接（J），如图 3-2 所示。

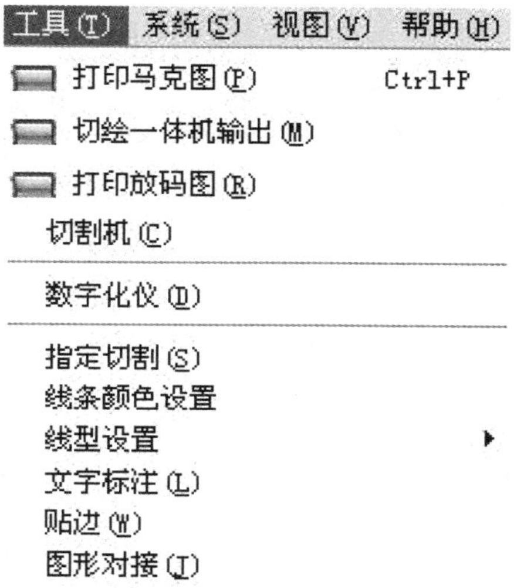

1. 打印马克图（P）、切绘一体机输出（M）、切割机（C）这三项主要用于排料系统。（详细的介绍见第六章）

图 3-2

2. 打印放码图：又称为打印网状图，在打印显示时全部按屏幕摆放的方向进行显示排料，排列位置可以通过鼠标拖动来放置新的位置。可以打印成 PLT 文件。打印放码图不支持放过缩水的样片设置如图 3-3 所示。

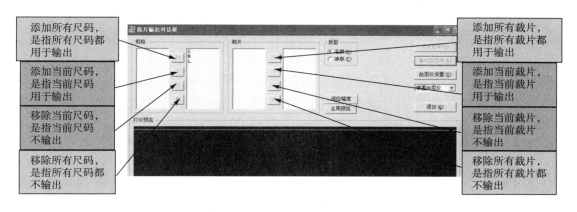

图 3-3

3. 数字化仪（D）：具体内容见第七章第一节。

4. 状图输入：选择一个基码生成裁片后，基码按"5"键（放码），从小码到大码依次按"2"键（要跳过基码），曲线按"3"键（基码），依次输入。刀口放码要在有刀口的地方读 1 个曲线点 3 进去，然后同顶点放码一样操作，"5"键捕捉刀口，"2"键放码。

注：数字化仪的数据线不可与绘图机的数据线串联使用！

5. 指定切割（S）：将裁片的内线用切割机切割掉。操作方法：框选要指定切割的裁片内线然后点击右键结束。被指定切割的要素颜色显示与缝边线显示的颜色相同，并且被指定切割的要素，无论在排料时内线是否显示，只要在切割机输出选项中将指定切割勾选上都是可以切割的。

6. 线条颜色设置：框选要设置的线然后右键单击，弹出颜色管理对话框，在这里设置需要的颜色点击确定即可完成。在单码显示时显示的颜色为自定义的颜色，在全码显示的时候线条颜色为规格表里设置的颜色。

7. 线型设置：线型包括实线、虚线、点画线、折线、波浪线、拉链线、双实线、双虚线、实虚双线。选择要设置的线型，框选要设置的要素，右击完成设置，如图 3-4、图 3-5 所示。

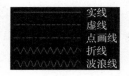

图 3-4   图 3-5

8. 文字标注（L）：可在打版系统界面中任意位置进行文字的标注、修改、移动及删除操作。

注：该工具下所做的文字不能输出。

（1）添加文字标注：在界面中单击鼠标左键确定文字标注起始位置，移动鼠标调整文字角度，调整好角度后单击鼠标左键，弹出"文字标注对话框"，如图 3-6 所示。

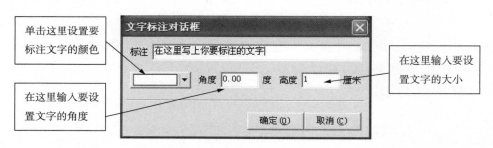

图 3-6

（2）修改文字标注：鼠标左键双击要修改的文字，弹出对话框。

（3）移动文字标注：鼠标左键按住要移动的文字，拖动鼠标到需要移动到的目标位置，松开左键。

（4）删除文字标注：右键单击要删除的文字。

9. 贴边（W）：

（1）选择边界线 A；

（2）选择边界线 B；

（3）选择贴边参考线；

（4）在输入框内输入贴边距离；

（5）单击鼠标左键指定方向完成。

生成的贴边默认裁片名为"贴边－1"，物料为里布，如图3－7所示。

10. 图形对接（J）：

（1）框选要对接的图形右键确定，左键点选对接起点1，左键点选对接终点1'，单击右键为单点对接，如图3－8（a）所示。

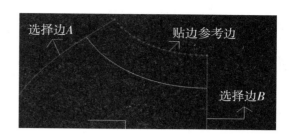

图 3－7

（2）框选要对接的图形右键确定，左键点选对接起点1，左键点选对接终点1'；左键点选对接起点2，左键点选对接终点2'，此时为两点对接，如图3－8（b）所示。

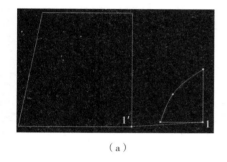

（a）

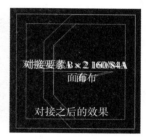

（b）

图 3－8

● 系统：包括系统选项（O）、设置绘图仪（L）、设置切割机（C）、设置切绘一体机（D）、设置打印机（R）、规格表，如图3－9所示。

1. 系统选项（O）：包括显示、系统设置、编辑尺寸部位、编辑裁片名称、编辑物料名称。

（1）显示（如图3－10所示）：

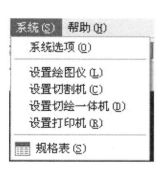

图 3－9

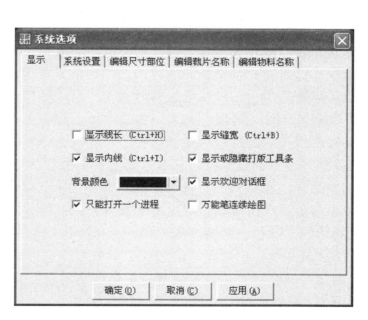

图 3－10

① 显示线长（CTRL＋H）：勾选此项在打版界面每一条线的长度都显示出来。不勾选也可以通过直接按快捷键显示。再次按为取消。

② 显示缝宽（CTRL＋B）：勾选此项在打版界面每个缝边宽度都显示出来。

③ 显示内线（CTRL＋I）：勾选此项在打版界面每个裁片的内线都显示出来。

注：显示线长、显示缝宽、显示内线如不勾选也可以通过直接按快捷键显示。再次按快捷键为取消显示。

④ 显示打版工具条：勾选此项打版界面左边的工具条显示在桌面。

⑤ 背景颜色：点击下拉选项的按钮可选择自己想要的背景颜色。

⑥ 显示欢迎界面：勾选此项打开系统时显示欢迎界面。

⑦ 只打开一个进程：勾选了该选项，那么只能运行一个软件界面；不勾选的话可以运行多个软件界面。

⑧ 万能笔连续绘图：勾选了此项，则万能笔完成了当前绘图后会自动吸附结束点作为起点开始新的绘图；如果不勾选，则万能笔完成当前绘图后无自动吸附功能。

（2）系统设置：

① 刀口属性：包括设置刀口形状、刀口的大小、刀口的颜色。这里选择了某种刀口的类型，在样板中就以某种刀口类型来显示，并以此种刀口的类型来打印输出。

注：在连接平板切割机输出时，T形刀口和一字形刀口是只画不切割的，而 U 形刀口和 V 形刀口是进行切割的。在切割时在净边线的位置也留有 U 形和 V 形显示，以方便净版切割使用。

在连接裁床时，T形刀口和一字形刀口在输出时都是以一字形切割；U 形和 V 形刀口则以 U 形和 V 形来切割。

要素刀口是以 T 形刀口的方式显示，不在刀口属性的控制范围。此刀口只能绘，而不能切割。

② 系统语言：包括简体中文、繁体中文、英语、日语（其中日语只用于导入 DXF 时识别样板上的日语注解）。

③ 自动保存时间：文件会按照我们输入的时间执行自动保存。

④ 数字化仪类型：根据我们所使用的数字化仪选择。

⑤ 自动翻转切角：在修改缝边的时候是否自动将修改边的切角设置为翻转切角。

⑥ 允许删除裁片净边线：在万能笔工具下，选择是否允许删除裁片的净边线。

⑦ 参数打版：这是打版模式的选择。勾选的话为参数打版模式，不勾选为自由打版模式。必须在创建新的款式前在系统里设置是否选择参数打版。

A. 如果选择了参数打版，每一步操作将会记录到操作记录列表；

B. 如果选择了自由打版，则没有了操作记录，修改参数工具被屏蔽。

（3）编辑尺寸部位：对规格表中的尺寸部位进行添加或删减。

（4）编辑裁片部位：对裁片信息中的裁片名称进行添加或删减。

（5）编辑物料名称：对裁片信息中的面料名称进行添加或删减。

2. 设置绘图仪（L）、设置切割机（C）、设置切绘一体机（D）、设置打印机（R）详见第八章第二节。

3. 规格表：同标准工具中▦，可随时查看或修改规格表中的部位尺寸、添加或删除尺码；

确认后启用修改之后的新尺寸，添加新的尺码之后即可自动放码。

　　● 帮助：包括关于、欢迎。

　　1. 关于：用于显示公司信息，以及服装大师在全国的 4S 推广中心，更方便快捷地服务客户。按"ESC"可隐藏该界面。

　　2. 欢迎：显示欢迎界面，按"ESC"可隐藏欢迎界面。

第二节　打版系统界面及标准工具说明

一、打版系统界面

打版系统界面如图 3-11 所示。

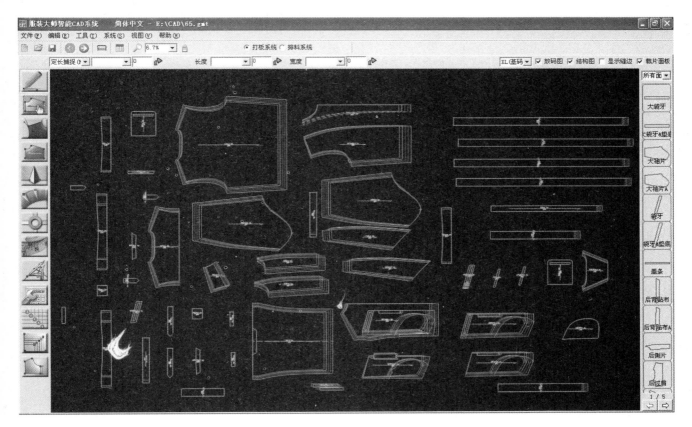

图 3-11

二、工具介绍

（一）标准工具条

1. 新建款式 ：创建一个新款式文件，同欢迎界面中的新建款式相同。

2. 打开款式 ：打开一个已经存在的款式文件，同欢迎界面中的打开款式。

3. 保存当前款式 ：系统会自动保存，无对话窗口弹出。

4. 撤销操作 ：依次撤销上一步的操作。

（1）此工具在操作效果不理想或需要返回上一步时使用。

（2）系统中撤销功能提供无限制步骤撤销，用户可撤销到起始状态。

（3）系统关闭后，再打开，通过修改参数仍然可以无限制继续撤销和恢复。

5. 恢复操作 ：在进行撤销操作后，依次恢复前一步操作。

（1）此工具在恢复撤销的数据时使用。

（2）系统中恢复功能提供撤销多少步，即恢复多少步的功能，无步骤限制。

6. 打印功能 ：打印当前款式输出到绘图仪（主要用于排料系统）。

7. 显示或编辑规格表 ：可随时查看或修改规格表，确认后启用新尺寸。

注：修改规格表后文件不能撤销，并且不能用撤销恢复来修改规格表。

8. 缩放工具 6.7% ：

（1）左键双击工作区，视图会全屏幕显示；右键双击工作区，视图会呈 1∶1 的比例显示。

（2）左键框选为局部区域放大画面；右键按住不放并拖动，为移动屏幕。

（3）在打版界面下按下空格键，退出当前功能进入视图缩放工具状态，操作方法同上；按住"Ctrl"键，鼠标选择裁片拖动为移动裁片。

（4）滚动鼠标滚轮也可以实现缩放功能。

（5）缩放系数输入框 6.7% ，该输入框中会动态显示当前视图的缩放系数，可以直接在输入框中输入需要缩放的数据（注意：该数据是百分制的），按"Enter"键确认。

9. 记忆按钮 ：单击该按钮可以记住当前的缩放系数，并存放在输入框的下拉框里（只能记忆一个数据，如果已经有了一个记忆数据则进行替换处理）。

注：该工具主要用于通过投影仪将在电脑里面绘制的图在荧幕上以 1∶1 的比例显示，解决了一些传统手工制版师傅在电脑屏幕上查看不习惯的问题。具体操作方法如下。

（1）连接投影仪。

（2）在软件里画出一个 50cm×50cm 的矩形。

（3）用尺子量投影出来的尺寸是不是 50cm，如果大于 50cm，就将放大镜后面的缩放比例调整小一点；如果小于 50cm 就将缩放比调整大一点。

（4）调整到合适之后点击一下后面的"锁"，就记录下这个缩放比，在要查看时，就直接点击后面的三角符号，将该缩放值调出按"Enter"键就可以了。

（二）输入栏的功能介绍及操作

1. 自动定长捕捉输入栏：（快捷键：F2）定长捕捉(F ▼ ▼ 0

（1）定长捕捉模式下输入数据如 10cm 或导入规格表中的部位，则在线上找到距端点 10cm

图 3－12

的位置，然后移动鼠标到目标线上参考点并偏向捕捉方向的位置，系统会自动捕捉到目标位置。此时有截点出现，点击鼠标左键就是确认，点击鼠标右键就是取消，如图 3－12 所示。

在此栏中 0 输入数据，为当前位置数据的放码量，如输入"1"则表示每档放码量为 1。不等差放码时，选择点击图标 ，弹出对话窗口单个依次输入想要的放码量即可。

（2）自动比例捕捉输入栏：比例捕捉(F ▼ 1/3 ▼ 0 （快捷键：F3）

① 比例捕捉模式下输入数据如 1/3 或 0.33，则会在线上找到距端点 1/3 的位置，并指向

中心偏向侧，自动捕捉到目标位置，点击鼠标左键确认，如图 3－13 所示。

② 紧接后面的输入栏不是放码输入栏，而是前面的比例再加或减一个常数，即比例后再偏移多少，找到相应点的位置，如图 3－14 所示。

（3）自动角度捕捉输入栏：（快捷键：F4）

① 角度捕捉模式下输入数据如 20 或导入参数名称，则表示会通过一个参考线，并指定一个起点，求出距参考线一个 20°的角度线来，如图 3－15 所示。

图 3－13　　　　　　　　　图 3－14　　　　　　　　　图 3－15

② 自动角度捕捉输入框 角度捕捉(F ▼ 20 ▼ ，必须先指定一个起点，再输入角度，通过右键选择参考线（此时参考线会变色）。移动鼠标到大概成角度的位置，系统会自动捕捉这条角度线，可选择方向。如输入长度数据，为定长，鼠标左键确认，右键结束。

③ 角度输入栏紧接后面无其他输入栏。

④ 角度可以引用参数实现角度放码。

注：定长、比例、角度三种捕捉模式可通过 F2、F3、F4 直接切换。

2．长度输入栏： 长度 23 ▼ 1 ↗

（1）长度输入栏后面输入数据如 23 或导入部位尺寸（通过小三角形按钮可以选择部位，如规格表无创建部位，则不能导入）。表示当前绘制的线段长度锁定为 23，无须确认，如图 3－16 所示。

（2）先点起点再输入数据为有效操作。在进行绘制曲线时不能定长。

（3）定数放码输入栏 1 ↗ ，如输入"1"则表示每档放码量为 1。不等差放码时，选择点击 ↗ 图标，弹出对话窗口，单个依次输入想要的放码量即可，如图 3－17 所示。

图 3－16

图 3－17

注：如果调用了已放码的规格部位，放码栏里又输入了放码量，则会被后者覆盖。此定数放码量，运用的时候，只针对前面的线长也是定数的情况下效果才是正确的。放码输入栏在任何时候都不输入的情况下，为当前位置或线长不放码。在定长捕捉模式下的放码栏，用法和注意事项相同。

（4）宽度输入栏： 宽度 ▼ 0 ↗

宽度输入栏只有在一种情况下能用到，那就是在一次性绘制矩形时，输入长度和宽度。它的表现形式和代表符号，同长度输入栏。

（5）半径输入栏： 半径A ▼ 0 ↗ 半径B ▼ 0 ↗

① 此输入栏为绘制圆角或绘制双圆规情况下才弹出使用。

② 输入栏相貌特性和符号意思同上。

（6）半径输入栏：半径 ▼ 0 ↗

此栏为绘制圆的时候才弹出的窗口。

（三）四个显示按钮说明及裁片面板右键功能

1. 四个显示按钮具体说明：

（1）单码显示按钮 M(基码)▼ ：系统默认为显示基码，在已经放码的前提下，通过小三角形按钮可切换查看其他型号，并且可通过万能笔工具针对局部进行造型修整，如图 3–18 所示。

注：在基码下执行修改时为全码修改，修改当前显示码（非基码），其他码不做联动修改。

（2）是否显示放码图（网状图）□ 放码图 ：点击前面小方形即可。

（3）是否显示结构图 ☑ 结构图 ：点击前面小方形即可。

（4）是否显示缝边 ☑ 显示缝边 ：点击前面小方形即可。

（5）是否显示裁片小样区 ☑ 裁片面板 ：点击前面小方形即可。

2. 裁片面板右键功能：包括裁片属性、裁片缩水、复制裁片、删除裁片、删除所有裁片。

（1）裁片属性：可查看当前裁片的属性并可以重新修改。例如修改裁片名称、裁片套数、物料、纱向线类型和角度等。在裁片处理下生成裁片工具直接在裁片上右击也可以弹出裁片信息对话框，用于修改裁片属性。

（2）裁片缩水：针对单个裁片也可以针对当前物料下所有裁片进行缩水处理，弹出对话窗，如图 3–19 所示。

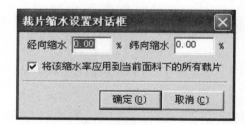

M(基码)▼ □ 放码图 ☑ 结构图 ☑ 显示缝边 ☑ 裁片面板

图 3–18

图 3–19

输入要求的缩水率，点击"确定"即可；取消缩水，输入零值后点击"确认"即可。此缩水针对当前面料，并在已经做过缩水处理的裁片上有中文显示实际缩水值，防止出错。

注：缩水后的裁片如在排料时选择面料缩水，如做裁片旋转，会导致样片变形；如选择纱向缩水则不管衣片怎么旋转衣片都沿着纱向的方向放缩水。

（3）复制裁片：进行裁片的复制。系统自动生成一个同等大小的裁片。

（4）删除裁片：删除当前物料下的当前裁片，不影响结构图和当前物料下的其他裁片。

（5）删除所有裁片：删除当前物料下的所有裁片，不影响结构图和其他物料下裁片。

（四）万能笔使用说明 ✎

绘图模式说明（绘图中，按住"Alt"键为取消吸附力）

1. 绘制任意线段：在任意位置单击鼠标左键确定线段起始位置，然后移动鼠标到线段结束位置单击鼠标左键"确认"位置，单击鼠标右键为此线段结束并继续转折到下一线段（称为连续线段），再次单击鼠标右键为结束绘图模式。

2. 绘制水平线段：单击鼠标左键确认线段起始位置，然后移动鼠标到线段结束位置，在接近水平位置时，系统自动捕捉到水平状态，光标后面有"水平"中文显示，单击鼠标左键为确认结束位置，单击鼠标右键为连续线，再次单击鼠标右键为结束绘图。

3. 绘制竖直线段：单击鼠标左键确认线段起始位置，然后移动鼠标到线段结束位置，在接近竖直位置时，系统自动捕捉到竖直状态，光标后面有"竖直"中文显示，单击鼠标左键为确认结束位置，单击鼠标右键为连续线，再次单击鼠标右键为结束绘图。

4. 绘制平行线段：单击鼠标左键确认线段起始位置，然后右键单击参考线（此时参考线变色，再次右击为取消参考线）。在大概平行于参考线的方向上移动鼠标，系统将自动捕捉到平行位置，单击鼠标左键为确认，单击鼠标右键为取消。在长度栏里输入数据即可定长线段并平行。

5. 框选一个要平行的要素然后按一下"Shift"键即可作出原有线段的平行线。

在距离栏里输入距离，数量是一次可以作出平行线的条数。

注：平行的新要素与原有要素相同；曲线不能捕捉平行线。可以参考用相似线工具。

6. 绘制垂直线段：单击鼠标左键确认线段（线上或线外）起始位置，然后单击鼠标右键确认参考线（此时参考线变色，再次右击为取消参考线）。在大概垂直参考线的方向上移动鼠标，系统将自动捕捉到垂直位置，单击鼠标左键为确认，单击鼠标右键为取消。在长度栏里输入数据即可定长线段并垂直。

注：当起点在线外时，不需要右键参考线，直接将鼠标移动到参考线后，即可自动捕捉到垂足线。直线、曲线都可捕捉到垂足，如图 3－20 所示。

7. 绘制定长线段：在上述绘制模式中，只要左键确认了线段的起始位置，然后在"长度"输入栏里输入或导入长度值，则为定长线段（可预览），如图 3－21 所示。

图 3－20

注：在单位为英寸时，在英文输入法下按"，"（逗号键）可以直接输入分数。如½就可以输入 1，再按"，"即可找到½，如图 3－22 所示。

8. 圆规截点（捕捉投影点）：单击鼠标左键（线上或线外）确定圆心位置，在"长度"输入栏里输入半径值，然后将鼠标移动到要截点的线上，系统自动捕捉到圆规截点位置，单击鼠标左键为"确认"，单击鼠标右键"取消"。

9. 绘制矩形线框：在"长度"栏里输入或导入长度值，在"宽度"栏里输入或导入高度值，然后按住鼠标不放拖动，松开鼠标即可完成矩形绘制，如图 3－23 所示。

图 3－21   图 3－22   图 3－23

10. 绘制自由曲线：在不同的任意位置连续单击为绘制曲线（若只有两点为绘制任意线段，三点以上为绘制曲线），单击鼠标右键为结束曲线终点并转折到连续线，再次单击鼠标右键为结束绘图模式。

11. 绘制角度线：选择角度捕捉选项输入栏，单击鼠标左键确认线段起始位置，然后右键单击参考线（此时变色，再次鼠标右击为取消选择参考线），再输入角度值（可以调用规格表中的部位名称），移动鼠标到大概角度方向位置，系统自动捕捉到位置，单击鼠标左键确认。

12. 绘制等分线标：框选要等分的要素（可连续框选），然后按回车键，弹出等分点对话框，输入等分数即可。

注：如果框选的要素是相互连续的，则是对拼接后的连续要素进行等分，如果不连续则为单独等分，如图 3-24 所示。

（五）捕捉模式说明

1. 捕捉模式：包括端点捕捉、中点捕捉、交点捕捉、顶点偏移捕捉、定长捕捉、比例捕捉、角度捕捉。

图 3-24

2. 在已有图形上系统捕捉端点、中点、交点，只要将鼠标移动到交点或线的首尾点、线的中间位置光标后面即有相对应的提示。

3. 顶点偏移量捕捉：在绘制线的过程中，将鼠标移动到要偏移的参考顶点上，按下"Enter"键，弹出偏移量对话窗口，设置好横向和纵向偏移量后单击"确认"，系统会自动捕捉该顶点的相对偏移点。

4. 定长捕捉：在定长捕捉栏里输入要捕捉的量，如 3cm，然后将鼠标移到线的端点并偏向要捕捉的方向上，这时候就会捕捉到要捕捉的点了。

5. 比例捕捉：在比例捕捉栏里输入要捕捉的量，如 0.4cm，然后将鼠标移到线的一端，这时候就会捕捉到该比例点了。

6. 角度捕捉：选择角度捕捉选项输入栏，单击鼠标左键确认线段起始位置，然后单击鼠标右键确认参考线（此时变色，再次右击为取消选择参考线），再输入角度值（可以调用规格表中的部位名称），移动鼠标到大概角度方向位置，系统自动捕捉到位置，单击鼠标左键确认。这条线所在的位置就是要捕捉的角度线的位置。

（六）单击鼠标左键框选模式修改

修改模式说明左键框选修改和右键点选修改。

注：所有工具下框选功能，参考端即起始端就是以此要素的默认中点为界线，从而判断起始段的选择。

1. 角连接：左键依次或同步框选要被角连接的两条线段的起始端（线段变色），两条线的起始端都必须保持同一侧，选择时不要超过各自的中点。空白区域单击鼠标右键完成，如图3-25 所示。

注：三条线和平行的两条线不能进行角连接。

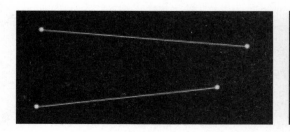 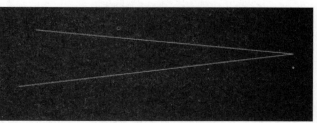

图 3-25

2. 线切割（撞墙）：单击鼠标左键框选要被切割要素的那一端（起始端）不要超过中点，再单击鼠标左键选保留到位置的相交线（即墙壁），单击鼠标右键完成。

注：如两端进行切割，可依次或同步框选，不要超过中点，切割出来的效果不一样，如图 3–26 所示（紫线为墙壁）。

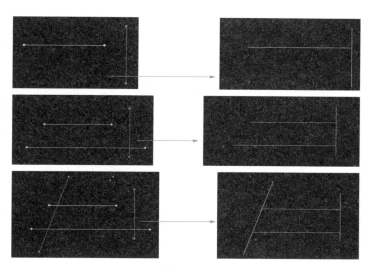

图 3–26

3. 线打断：分为任意打断、定长打断、比例打断、交点打断。

任意打断：框选一根要打断的要素，单击鼠标左键，要打断的点可以任意打断。

定长打断：框选一根要打断的要素，在定长捕捉栏里输入要定长的值就可以做定长打断。

比例打断：框选一根要打断的要素，在比例捕捉栏里输入比例值就可以按比例打断。

交点打断：框选两根要相交的要素，再左键单击要打断的线，即完成交点打断。

4. 线拼接：单击鼠标左键依次框选或同步框选要拼接的两个要素的端点（不要超过中点），单击右键完成。

注：在两条线必须是共用一个顶点的情况下并且角度在 180°±15°之内才能拼接。否则视为无效。

5. 线长调整：单击鼠标左键框选要被调整长度线段的调整端（起始端不要超过中点，框选哪一端即修改哪一端），在调整量栏里输入延长或缩短值，正值表示延长，负数表示缩短，如图 3–27 所示；原长度为 10cm，输入 2cm，则最后长度为 12cm。

6. 线段定长：单击鼠标左键框选要被调整长度线段的调整端（起始端不要超过中点，框选哪一端即修改哪一端），长度栏里输入要调整到的长度（直线或曲线都可以）；单击鼠标右键至任意处结束，即当前要素直接伸缩到所指定的长度，如图 3–28 所示；原长度为 8cm，输入 14，则最后长度为 14cm。

图 3–27　　　　　　　　　图 3–28

7. 要素删除：单击鼠标左键依次框选或同步框选要被删除的要素，再次框选为取消选择（被选中的要素变色），按下 "DEL" 键，完成操作，单击鼠标右键选要删除的要素并按 "DEL"

键完成删除，单击鼠标左键框选要素并按"D"键可以单码删除要素。

注：在系统设置里勾选了允许删除裁片净边线的选项时，裁片的净边线也是可以用万能笔删除的，主要用于净毛转换时使用，不可用于删除整个裁片。

（七）单击鼠标右键点选修改模式

1. 造型修改：鼠标右键单击被修改的要素（此时变反色），左键按住不放拖动鼠标可移动要素的顶点或线上端点，可完成任意调整。在空白区域点击右键结束操作。

2. 增加/减少曲线点：单击鼠标右键要修改要素，按住"Ctrl"键不放，单击确认左键可增加或删除曲线点（无点为增加，有点则为减少）。

单击鼠标右键要修改要素，按"ENTER"键即可弹出修改曲线插值点数对话框，在里面输入要定的点数确定即可。

注：当曲线点数小于或等于 2 时为线段；直线变为曲线时，中间最少要增加一个端点，可调节中间造型。

3. 点偏移：

（1）单击鼠标右键点选要素，再单击鼠标右键选要偏移的端点，弹出点偏移对话框。输入偏移量即可完成点偏移。这时候是联动修改的点偏移。

（2）单击鼠标右键点选要素，按住"Shift"键不放再右键单击要偏移的端点，弹出点偏移对话框。输入偏移量即可完成点偏移。这时候是要顶点拆分。

4. 线段和曲线定长调整：单击鼠标右键被修改的要素（此时变反色），在上面"长度"栏里输入长度值，为当前曲线的锁定长度值。在这个锁定长度值下，再做造型修整，长度锁定在定长值保持不变。单击鼠标右键结束。针对线段，输入定长后，直接左键按住首或尾点沿线的方向移动，即可锁定长度，如图 3-29 所示。

注：只做微量长度锁定，并调整的自由度和造型控制力，由曲线上的端点密度而确定，如图 3-30 所示，原线长为 15cm。

图 3-29   图 3-30

5. 顶点合并：鼠标右键单击要合并的要素，左键按住不放，拖动顶点，移动到另一要素的顶点，鼠标右键结束。

6. 顶点拆分：鼠标右键单击已经被合并的任意一个元素，按住"Shfit"键，然后按住鼠标左键不放拖动顶点，为拆散移动，不按住"Shfit"键，为整体联动。

（八）其他打版工具操作说明

选择工具 ，包含移动要素、镜像要素、旋转要素、拉伸要素和要素水平垂直校正。

1. 移动要素 ：单击鼠标左键框选要移动的要素（再次框选为取消选择），单击鼠标右键确认。在任意位置单击确定移动的起点，移动鼠标（可预览）到任意位置单击确认移动结束点完成。在按住"Shift"键时操作为"移动复制"。

2. 镜像要素 ：框选要素右键结束，若右键在要素上则以该要素为对称轴镜像；在空白处单击右键结束，然后在任意位置单击确认对称轴的起点，再单击确认结束点完成。框选之后按"H"键为水平翻转；"V"键为竖直翻转。

3. 旋转要素 ⟳：

（1）定角度旋转：框选要旋转的要素，单击鼠标右键确认，然后在任意位置单击确认为旋转中心，然后按"Enter"键弹出角度对话框，输入角度确认完成。

（2）任意旋转：框选要旋转的要素，单击鼠标右键确认，然后在任意位置单击确认旋转中心，然后再单击确认旋转半径，移动鼠标旋转到合适位置单击确认完成旋转。按住 Shift 键不放右键为旋转复制。

4. 拉伸要素 ⬚：单击鼠标左键框选要拉伸的要素的端点，右键弹出拉伸量设置对话框，输入拉伸量，指示拉伸方向，点"确定"按钮，完成操作。

5. 要素水平垂直校正 ⟨：单击鼠标左键框选要校正的要素，右键确认，然后单击要水平或竖直的要素完成水平竖直校正；按住"Ctrl"键为水平竖直切换校正。

6. 假缝圆顺工具 ◼：对需要缝和的要素，进行圆顺修整，一般用于领窝、袖隆、下摆等部位。

注：在假缝圆顺过程中，可按下"Esc"键取消操作。

（1）按实际缝合顺序依次选择（鼠标左键点选或框选）缝合边对（如 A 缝 B、C 缝 D），单击鼠标右键结束。

（2）依次选择（鼠标左键点选或框选）待圆顺边，单击鼠标右键结束选择，进入调整状态；按住"Sfift"键不放，右键为自动翻转拼接圆顺。

（3）鼠标左键选择要调整的点（按下左键后不要松开），拖动选择点到合适位置后松开左键。按住"Ctrl"键并鼠标左键单击线条（端点不可以移动，公共点可以移动）为插入曲线点，按住"Ctrl"键并鼠标左键单击曲线点为删除曲线点。同曲线调整。

（4）单击鼠标右键完成假缝圆顺操作，如图 3–31 所示。

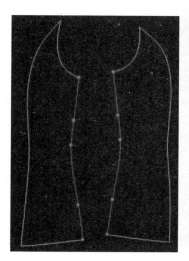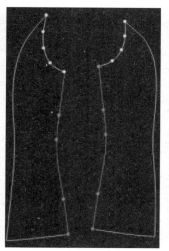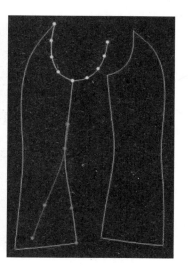

图 3–31

7. 裁片处理（只针对裁片）◼：包含框选生产裁片、线生成裁片、缝边处理、切角处理、段差处理、分割裁片、合并裁片、填充裁片、裁片水平竖直校正、添加或删除内部线、净毛转换功能。按下"Esc"键可取消操作。

（1）框选生成裁片 ⬚：点击鼠标左键连续框选组成裁片的要素（再次框选为取消选择），单击鼠标右键弹出裁片生成对话框，完成对话框设置即可（适合于四周线为裁片的净边线），如图 3-32 所示。

图 3-32

（2）线生成裁片 ⬚：单击鼠标左键按逆时针或顺时针依次框选或点选生成裁片的外轮廓线（再次框选为取消选择），单击鼠标右键结束选择；再选择内部线（无顺序要求，可框选或点选）。单击右键结束选择弹出生成设置对话框，完成对话框设置即可。如无内部线则在轮廓线选完时点击两次鼠标右键，完成对话框即可，如图 3-33 所示。

注：在生成裁片工具中鼠标右键单击裁片，弹出裁片信息对话框功能，可用于修改裁片信息。

① 缝边处理 ⬚：左键连续框选或点选需要修改的裁片净边，单击鼠标右键，弹出缝边设置对话框，设置后点击"确认"即可。当输入 A 端的时候，B 端跟着一同联动；当输入 B 端的时候，A 端部跟着联动，如图 3-34 所示。

② 切角处理 ⬚：单击鼠标左键连续框选或点选要处理的切角的所在净边，单击鼠标右键会弹出切角类型设置对话框，选择相应的类型，单击"确认"即可，如图 3-35 所示。

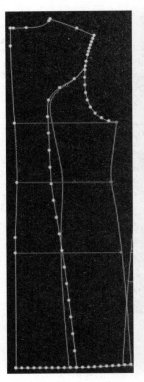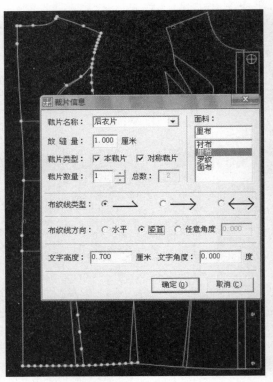

图 3-33

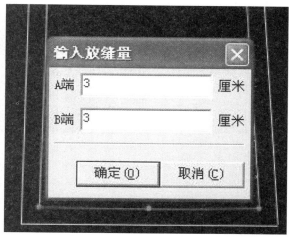

图 3 - 34

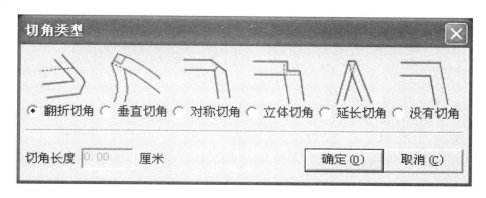

图 3 - 35

③ 段差处理 ：左键框选或点选裁片净边（选择端作为参考起始端，不要超过中点），弹出段差设置对话框，设置起始距离位置、缝边宽度、角度类型（如果不是直角，则需要设置角间距）、段差长度及段差长度放码类型，设置完成后点击"确定"完成段差处理，如图 3-36 所示。

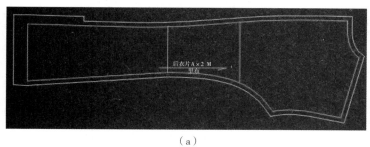

（a）

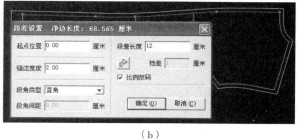

（b）

图 3 - 36

注：如果将段差长度设置为 0，则为清除当前净边的段差设置。

④ 填充裁片 ：单击鼠标左键选择目标裁片要素的一个端点，弹出裁片网格填充对话框（这时候的网格的交叉点就是捕捉的点；如果点选的是裁片的内部是以裁片的中心点为交点）。此功能一般多用于羽绒服的版型绘制。

在已填充的裁片内右击，可以编辑或删除当前网格，如图 3-37 所示。

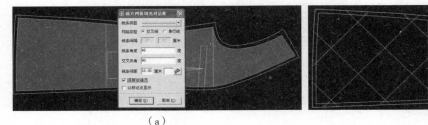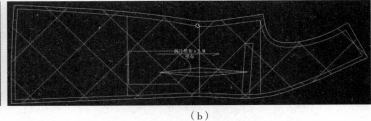

（a）　　　　　　　　　　　　　　　　　　　（b）

图 3-37

⑤ 分割裁片 ：左键点选要分割的裁片，再左键点选或框选分割线即可完成分割，分割之后的裁片默认添加缝边，缝边量为"1"，如图 3-38 所示。

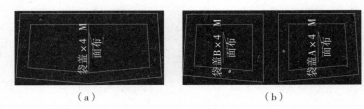

（a）　　　　　　　　　　　（b）

图 3-38

⑥ 合并裁片 ：单击鼠标左键框选或点选裁片 A 的合并净边，再单击左键框选或点裁片 B 的合并净边即可完成合并（框选的端点即为拼合的端点，拼合的线变为虚线显示），如图 3-39 所示。

（a）　　　　　　　　　　　（b）

图 3-39

⑦ 裁片水平和竖直校正 ：在目标裁片内单击鼠标左键，裁片将按纱向的方向进行校正（如果纱向线偏向水平，则按水平校正；如果偏向竖直，则按竖直校正）。如果在鼠标左键单击裁片时按下"Ctrl"键（组合键 Ctrl + 单击左键），则以相反的结果校正。

⑧ 添加或移除裁片内部线 ：单击鼠标左键选择裁片，然后左键点选或框选要素（可以多选），在英文输入法下按"＋"键将选择的要素作为内部线添加到裁片，按"－"键将选择的要素从裁片中移除。是否已成为裁片内部元素，可通过显示和关闭结构图开关来查看。

⑨ 净毛转换 ：在要净毛转换的裁片上单击，弹出净毛转换对话框，点击确定即可完成净毛转换如图3-40（a）所示。

注：已经有切角的部分可以通过万能笔删除多余部分的缝边，然后再重新生产相应的切角，如图3-40（b）所示。

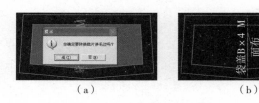

（a）　　　　　　（b）

图 3-40

（九）省处理

可完成开边省、内省（菱形省）、省转分割线和比例转省。

1. 做边省：框选或点选省打开线，然后左键框选或点选省中心线，弹出边省设置对话框，确认设置后即可完成，如图 3-41 所示。

（a）
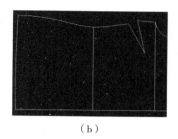
（b）

图 3-41

2. 菱形省：点选或框选省中心线，然后左键点选或框选省腰位置线（省中心线与省腰线的交点为省中心点），弹出菱形省设置对话框，如图 3-42 所示。

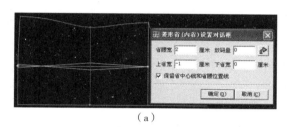
（a）
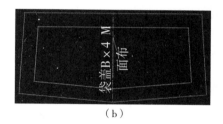
（b）

图 3-42

3. 做省山：点选或框选省边一，再点选或框选省边二，完成操作。做省山如图 3-43 所示。

注：省山倒向为省边一倒向省边二；换倒向，只要反过来选即可。

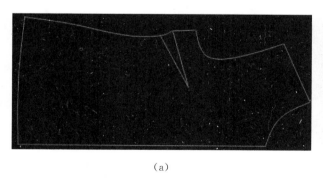
（a）
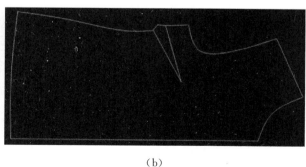
（b）

图 3-43

4. 省转分割线（只针对结构图）：

（1）鼠标左键点选或框选待转移省边一；

（2）鼠标左键点选或框选待转移省边二；

（3）鼠标左键点选或框选分割线；

（4）鼠标左键点选或框选待转移省与分割线间的要素，右键单击结束，弹出转省对话框，确认后即可，省转分割线如图 3 - 44 所示。

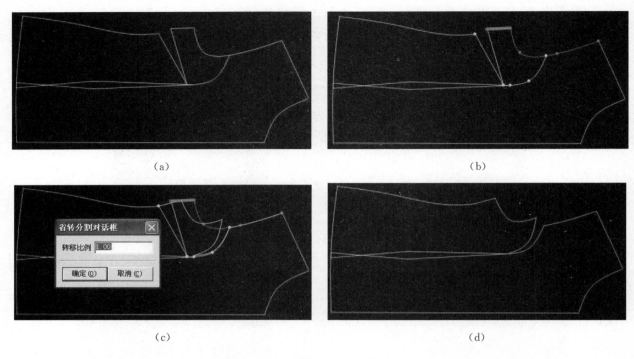

（a）　　　　　　　　　　　　　　　　　　　　　（b）

（c）　　　　　　　　　　　　　　　　　　　　　（d）

图 3 - 44

5. 比例转省 （只针对裁片）：

（1）鼠标左键点选或框选待转移省边一；

（2）鼠标左键点选或框选待转移省边二；

（3）鼠标左键点选或框选分割线，弹出转省对话框，比例转省如图 3 - 45 所示。

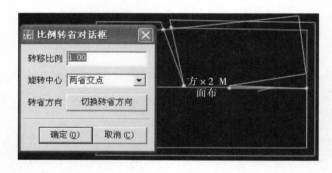

图 3 - 45

（十）展开工具

展开工具包括褶生成、等分展开、立体展开。

1. 褶生成 （只针对裁片）：

（1）左键单击"选择目标裁片"；

（2）左键单击"选择或框选褶线"（可连续框选），右键单击"弹出褶生成对话框"。

注：褶线必须与裁片相交，褶生成如图 3 - 46 所示。

2. 等分展开

（1）单击鼠标左键选择或框选 A 组需要展开的净边（可连续框选），点击右键结束选择；

（a）

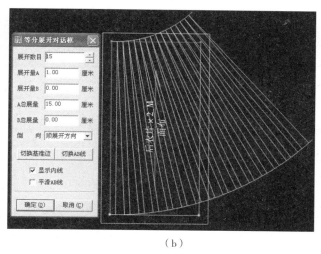
（b）

（c）

图 3 - 46

（2）单击鼠标左键选择或框选 B 组展开的净边，点击右键结束选择，弹出等分展开设置对话框。

注：A 组和 B 组线必须是属于同一裁片的净边。

3. 立体展开：

（1）单击鼠标左键点选或框选参与展开的要素（可以连续多选），单击鼠标右键结束；

（2）单击鼠标左键点选或框选基准线；

（3）单击鼠标左键点选或框选展开线（可以连续多选），单击鼠标右键结束，弹出立体展开预览设置对话框。可以设置每一个展开要素的展开量。

注：本工具针对结构图进行操作。

（十一）标记工具

包括刀口工具、绘制标记、要素刀口、文字标注、纱向调整和删除标记功能。

1. 刀口工具：

注：光标自动进入长度输入栏，按"Tab"键可进入后面逐个输入栏。输入或导入相应参数后，再框选要加刀口的要素，注意起始端选择（以要素中点为判断起始端），单击鼠标右键结束。

（1）绘制刀口方法：①在输入框中输入刀口定位数据；②鼠标左键框选或点选要素并指示方向，可以多选；③单击鼠标右键结束。

鼠标点选刀口位置时，系统自动计算当前鼠标点击位置，并将该位置输入长度栏，以便在鼠标点击位置打上刀口，如图 3 - 47 所示。

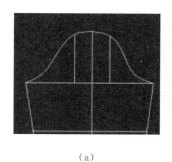
（a）

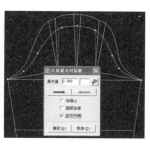
（b）

（c）

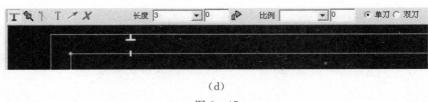

(d)

图 3 - 47

（2）修改刀口方法：用刀口工具再次单击（框选）已经添加的刀口，即可在对应的栏里显示刀口信息；可以通过修改信息来重新编辑新刀口的信息，编辑完之后点击右键结束确认。

（3）修改刀口方向：框选已经做好的刀口，按"Shift"键即可调整当前刀口的方向，如图 3-48 所示。

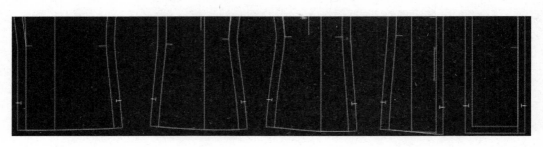

图 3 - 48

2. 绘制标记：框选或点选做标记的要素，弹出标记设置对话框。在这里可以编辑纽扣、扣眼、倒褶线、打孔、轮、压线、缩缝等。此编辑设置对话框几乎可以满足所有的标记要求，如图 3 - 49 所示。

在已经绘制好的标记上单击左键，可以弹出"标记对话框"，在对话框里可以显示原有标记的信息，可以通过修改信息来达到所需的效果。

3. 要素刀口：框选或点选刀口所在的轮廓线，再框选或点选选择跟轮廓线相交的内线或轮廓线，系统自动按内线的延长线在缝边上加刀口，刀口的类型为默认 T 形，长度为 0.5cm。

图 3 - 49

主要用在交点部位打刀口，如省山、腰围线等交点位置，如图 3 - 50 所示。

4. 文字标注：

（1）绘制文字标注：在裁片内单击鼠标左键确定文字标注起始位置，移动鼠标调整文字角度，调整好角度后单击鼠标左键，弹出"文字标注对话框"。

注：此文字可以输出。

（2）移动文字标注：按住鼠标左键不放，拖动文字，可以实现移动文字。可以单码拖动修改。

（3）修改文字标注：直接双击标记的文字，弹出"标记文字对话框"，直接修改。

（4）删除文字标注：直接右键点击标注的文字，即可删除标注的文字。

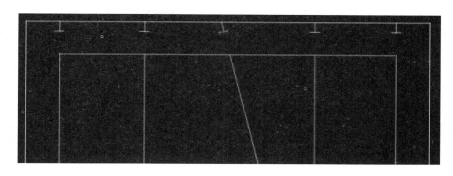

图 3−50

5. 纱向调整：

在裁片内单击左键确定纱向起始位置，移动鼠标调整纱向方向，左键确认，系统自动捕捉水平、竖直、45°角方向。也可以右键点选对象选择平行参考线跟某条线平行方向。

6. 删除标记 X：鼠标框选要被删除的标记，再次框选为取消选择，按"DEL"键即可完成删除。

（十二）测量工具

测量工具包含了测量线长、测量两点之间的距离/两点之间的线长、测量点到线的距离、测量两线夹角和测量裁片的面积和周长。

1. 测量线长：左键点选或框选要测量的要素（可以连续选择进行累加或累减），单击右键弹出测量对话框，如图 3−51 所示。

（1）要点说明：可以在任何时刻通过单击"＋""－"（英文输入下）键切换累加或累减模式。

（2）测量的长度为基码的长度。

（3）可以查看其他尺码的长度和档差。

（4）测量的结果可以添加到规格表中。

2. 测量两点之间的距离/两点之间的线长：（如图 3−52 所示）

（1）单击鼠标左键选择测量点一；

（2）单击鼠标左键选择测量点二，弹出测量对话框。

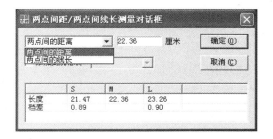

图 3−51　　　　　　　　　　　　　　　　　图 3−52

可以鼠标在对话框中选择测量方式（两点间距或两点间线长）。

注：该功能并不支持放过缩水的裁片，测量的结果为未放缩水的尺寸。

3. 点线距离测量：（如图 3−53 所示）

（1）单击鼠标左键选择测量点（可以是端点、中点及任意点）；

（2）单击鼠标左键选择或框选测量要素，弹出测量对话框。

4. 两线夹角测量 ∠：（如图 3-54 所示）

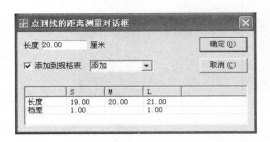

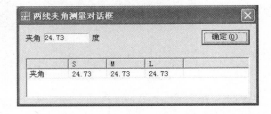

图 3-53   图 3-54

（1）单击鼠标左键选择或框选构成夹角的要素一；

（2）单击鼠标左键选择或框选构成夹角的要素二，弹出测量对话框。

5. 裁片面积及周长测量 ▓：（如图 3-55 所示）

单击鼠标左键选择裁片（可以连续选择），然后单击右键弹出测量对话框。

注：可以连续单击多个裁片，测量多个裁片面积、周长之和。

（十三）弧线工具 ◢

包含双圆规、相似线、圆和圆角处理。

1. 双圆规 ◠：（如图 3-56 所示）

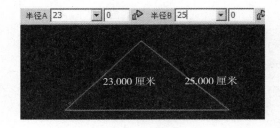

图 3-55   图 3-56

（1）单击鼠标左键选择端点一；

（2）单击鼠标左键选择端点二；

（3）在输入框中输入半径 A 和半径 B（可选）；

（4）移动鼠标确定方向，单击左键完成。

注：操作过程中单击右键或按下 "Esc" 键取消当前操作。

2. 相似线 ⌐：（如图 3-57 所示）

（1）选择（鼠标左键点选或框选）待相似操作的要素；

（2）鼠标左键点选相似起点 A，再点选相似终点 A'；

（3）鼠标左键点选相似起点 B，再点选相似终点 B'。

注：同时按住 "Ctrl" 键完成操作为相似并翻转要素。

图 3-57

3. 绘制圆：

　　左键单击确认圆心，圆心点可在定长捕捉栏里捕捉圆心所在的位置。圆半径可以在半径输入栏里输入半径值，确定圆的大小后单击鼠标左键确认完成。

　　也可以在任意位置单击确定圆心，然后拖动鼠标在单击鼠标确认圆半径，绘制任意圆。

　　4. 圆角处理⌊：　半径A [　　　▼] 0　⤴　半径B [　　　▼] 0　⤴

　　（1）任意圆角：左键依次框选或点选两条要素，移动鼠标，然后单击左键确定圆角。

　　（2）定量圆角：左键依次框选或点选两条要素，输入半径 A 和半径 B，单击左键确认完成。如图 3－58 所示。

　　注：圆角的半径不能大于圆角所在线的长度。

图 3－58

第一节　女子文化式原型

　　服装原型也称为基本样板、原型样板或基础样板。服装原型来源于人体，但是它又不同于人体原型。它是在掌握人体外形条件及活动特点后，在人体原型基础上加放活动所需松量，并按一定分割展平方法获取的纸型。它用于基本的衣片、裙子、袖子和裤子的纸样设计中，制成后通常不加缝边，因为加入缝边有时会有碍于设计的各种变化，影响变化比例。

　　本节以日本文化式原型的第八代为例，利用设计系统进行原型纸样的设计。女原型上衣结构如图 4－1 所示，其中腰部省量的分配依次为 7％、18％、35％、11％、15％ 和 14％。

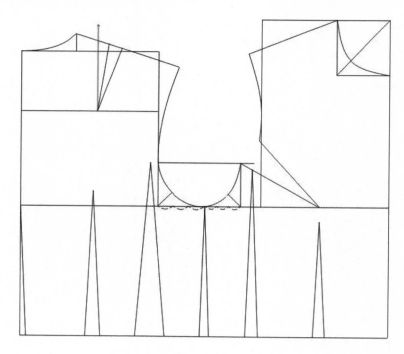

图 4－1

一、号型设置

女子文化式原型尺寸见表 4 - 1 所列。

表 4 - 1

尺 码	胸 围	腰 围	背 长	袖 长
M	84	68	38	52

双击桌面上的服装大师的图标，启动系统后，选择菜单"新建款式"，输入文件名后创建新款式文件，弹出"规格表"对话框，如图 4 - 2 所示。鼠标单击"基码"下拉菜单，可以选择号型名称，本例只使用"M"一个号型。鼠标单击号型下面的单元格，输入部位名称。最后鼠标单击"M"对应列里面的不同部位的尺寸。对于经常使用的号型尺寸，设置完毕后，可以单击对话框中的"导出规格表"按钮，将号型尺寸信息以文件的形式保存起来，以备后用。最后，单击"确定"按钮，如图 4 - 3 所示。

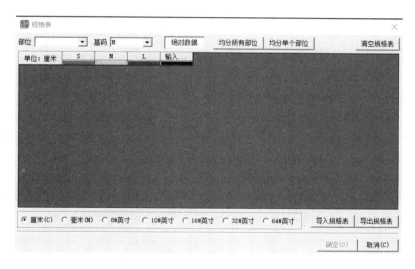

图 4 - 2

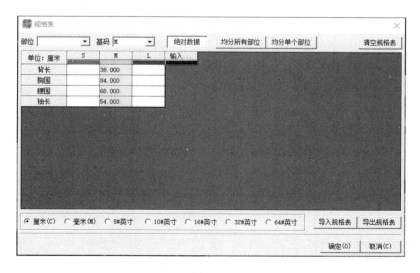

图 4 - 3

二、身片的结构设计

（一）做后中线和腰围线

1. 选择"万能笔"工具 ，鼠标左键单击工作区任一点，如果工具处于任意直线状态，单击鼠标右键，切换到丁字尺状态，向下移动鼠标，单击鼠标左键，在弹出的"长度"对话框中，单击对话框右边展开按钮，然后点击"背长"，则背长的尺寸会出现在"长度"输入框中，然后画出一条垂直线作为后中线。数值的输入，也可以不用计算器，直接将数值（如 38）输入"长度"框中。本节中的数据输入大部分是通过计算器工具实现的，如图4－5 所示。

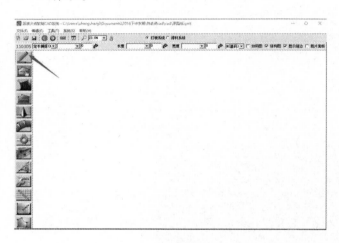

图 4－4

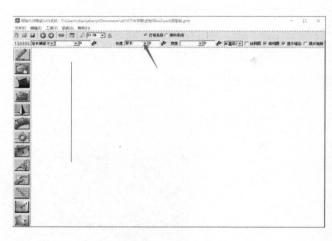

图 4－5

2. 继续使用"万能笔"工具 ![]，将鼠标移动到后中线下端点上，此端点上会出现绿色亮点，这时单击鼠标左键，会捕捉到此点，向右画出一条水平线，长度为"胸围/2＋6（48）"，如图 4－6、图 4－7 所示。

图 4－6

图 4－7

注：建议读者经常保存自己的设计工作，所以可以在第一步操作后，就单击快速工具栏中的"保存"工具，在弹出的对话框中，定位到要保存的位置，然后输入文件名称，如本例保存名称为"原型版"，单击"保存"，如图 4－8 所示。

图 4-8

（二）做胸围线和前中线

1. 选择"万能笔"工具 ，单击后中线靠近上端点处，在"长度"输入框中输入"胸围/12＋13.7（20.7）"，然后向右画出一条水平线，长度为"胸围/2＋6（48）"，如图 4-9 所示。

2. 继续使用"万能笔"工具 ，连接胸围线和腰围线的右端点，得到前中线的下半部分，如图 4-10 所示。

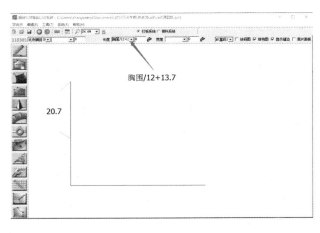

图 4-9

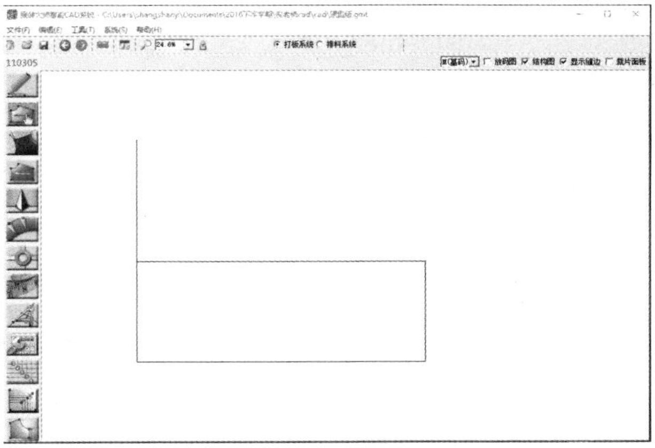

图 4-10

（三）做背宽线

继续使用"万能笔"工具 ✎，单击鼠标右键至后中线上端点并按住鼠标拖动，引出水平垂直线，松开鼠标，单击胸围线靠近左端点处，在"长度"输入框中输入"胸围/8 + 7.4 (17.9)"，得到背宽线，如图 4 - 11、图 4 - 12 所示。

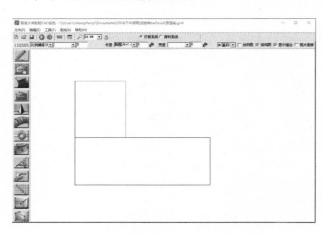
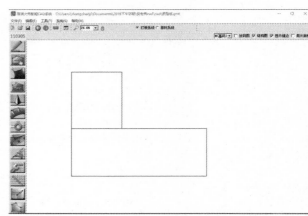

图 4 - 11   图 4 - 12

（四）做横背幅线

继续使用"万能笔"工具 ✎，单击后片上平线并按住鼠标拖动，引出平行线，松开鼠标，向下移动鼠标并单击，在弹出的"平行线"对话框中输入"8"，单击"确定"，得到横背幅线，如图 4 - 13、图 4 - 14 所示。

（五）做 G 线

继续使用"万能笔"工具 ✎，在确定快捷工具栏上的比例捕捉为"2"的情况下，将鼠标移动到背宽线上，此段线的 1/2 处会自动显示一个绿点，将鼠标移动到此点上，纵向移动量为"0.5"，单击鼠标，然后向右移动鼠标，做出一条合适长度的水平线，如图 4 - 15、图 4 - 16 所示。

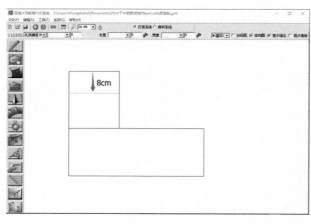
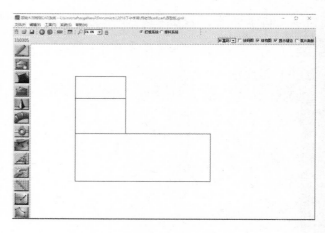

图 4 - 13   图 4 - 14

（六）完成前中线

继续使用"万能笔"工具 ✎，单击鼠标右键至前中线靠近上端点处，在"长度"输入框中，输入"胸围/5＋8.3（25.1）"，完成前中线，如图 4－17、图 4－18 所示。

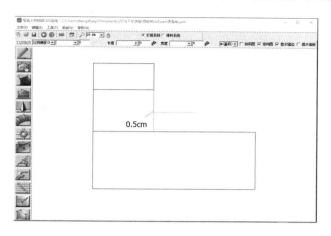

图 4－15

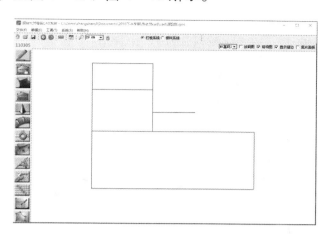

图 4－16

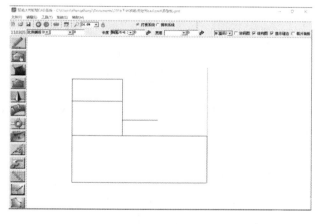

图 4－17

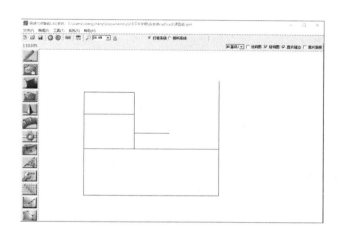

图 4－18

（七）做胸宽线

继续使用"万能笔"工具 ✏，鼠标右键单击前中线上端点并按住鼠标拖动，引出水平垂直线，松开鼠标，单击胸围线靠近右端点出，在"长度"输入框中输入"胸围/8＋6.2（16.7）"，得到胸宽线，方法与绘制背宽线一样，如图 4－19、图 4－20 所示。

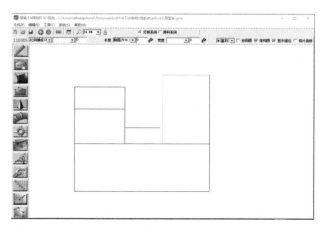

图 4－19

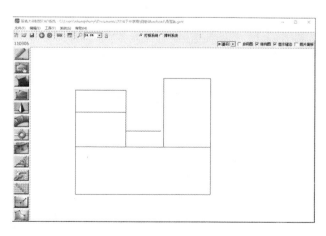

图 4－20

（八）做腋下线

1. 继续使用"万能笔"工具 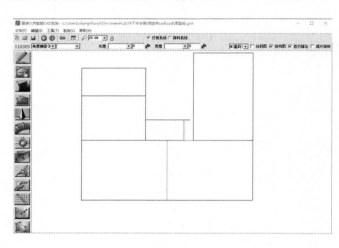，鼠标在胸围线上靠近胸宽线处单击，在"长度"输入框中输入"胸围/32（2.63）"，单击"确定"，向上画出一条垂直线，与 G 线相交，如图 4-20 所示。

2. 鼠标移动到胸围线上中间部分，会自动出现 1/2 点，鼠标单击选中，向下做出垂直线与腰围线相交，画出腋下线，如图 4-21、图 4-22 所示。

图 4-21

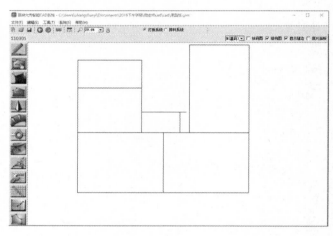

图 4-22

（九）做前领口弧线

1. 鼠标滚动，或者按小键盘上的"+"键，将前片领窝部分放大。

2. 单击前中线上端的点，"长度"输入框中输入宽度"胸围/24+3.4（6.9）"，高度"胸围/24+3.9（7.4）"，做出前领宽线和前领深线，如图 4-23 所示。

3. 选择"万能笔"工具，单机前中线上的端点，做出一条斜线辅助线。

4. 在确定快捷工具栏上使用比例捕捉，选中斜线，输入"2"，就可以将斜线辅助线在下 1/3 处剪断，如图 4-24 所示。

5. 选择"万能笔"工具，经过 3 个关键点（其中，斜线辅助线上的关键点，在下 1/3 处沿线向下 0.5cm，画出领口弧线，如图 4-25 所示。

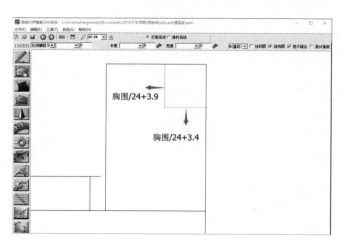

图 4-23

图 4-24

6. 单击领口弧线，绘制弧线时的关键点会以红色显示出来，鼠标左键可以选择已有的关键点，或者在没有关键点的地方直接单击鼠标左键，添加关键点，移动鼠标可以调整弧线的形状，到自己满意时再单击鼠标左键，如图 4 - 26 所示。

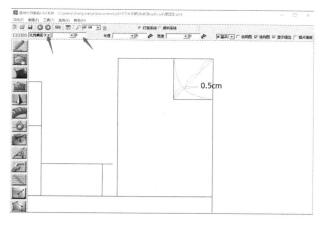

图 4 - 25

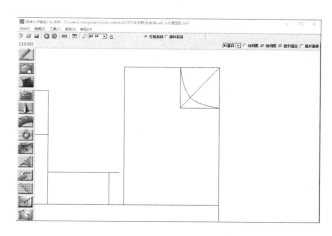

图 4 - 26

（十）做前肩线

1. 使用"万能笔"工具，在确定快捷工具栏上使用角度捕捉，输入一定长度（由于肩线长度现在不能确定，所以可以先给一个值，如"8"，然后修改），输入角度"- 202"（直线与向右的水平轴的角度，本例为 180 + 22，方向为顺时针即 - 202），如图 4 - 27 所示。

2. 继续使用"万能笔"工具，按住左键框选刚刚做好的肩线，松开鼠标后，单机胸宽线，然后单击右键，肩线自动延长到胸宽线，如图 4 - 28 所示。

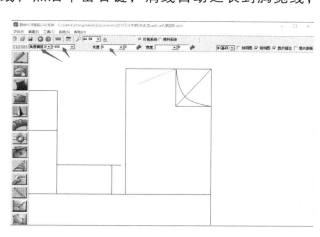

图 4 - 27

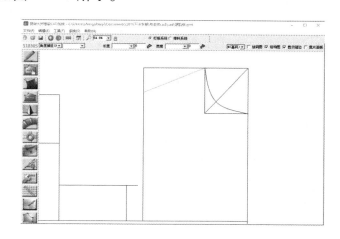

图 4 - 28

3. 继续使用"万能笔"工具，按住键盘上的"Shift"键的同时，鼠标右键单击肩线上靠近左端点处，弹出"调整曲线长度"对话框，输入长度增减量"1.8"（冲肩量），完成前肩线的制作，如图 4 - 29、图 4 - 30 所示。

（十一）做后领宽线

1. 选择"测量"工具，分别选择后片袖笼深的两个临界点和前片袖笼深的两个临界点，在弹出的对话框中，可以看到保存下来的长度及标号，如图 4 - 31 所示。

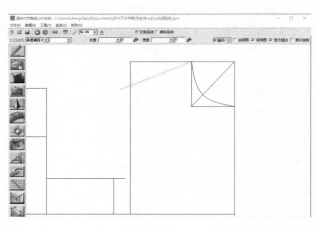

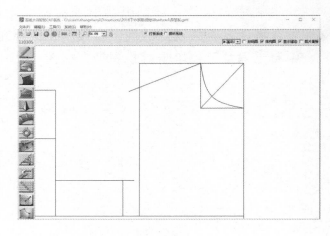

图 4 - 29 图 4 - 30

2. 选择"万能笔"工具 ，在后片上水平线靠近左端点处单击鼠标左键，弹出"点的位置"对话框，单击对话框右上角的计算器按钮，在弹出的"计算器"对话框中可以输入长度"前领深线长度＋0.2"，单击"OK"，此长度会出现在"点的位置"对话框中，单击"确定"。然后，向上移动鼠标，做出一条垂直线，长度为"2.36（1/3 的后领宽度）"，如图 4 - 32 所示。

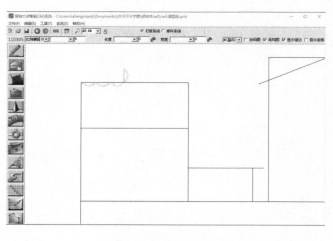

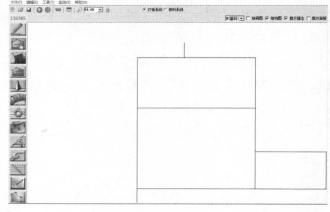

图 4 - 31 图 4 - 32

（十二）做后领口弧线

使用"万能笔"工具 ，单机后中线上的端点，单击鼠标右键，确定三四个关键点，如果光标太靠近上平线的话，光标会自动吸附到上平线上，所以这时需要按住键盘上的"Ctrl"键的同时，单击鼠标左键来绘制，如图 4 - 33、图 4 - 34 所示。

（十三）做后肩线

1. 选择"测量"工具 ，单击前肩线，测量出前肩线长度"12.36"，如图 4 - 35 所示。

2. 继续选择"万能笔"工具 ，在确定快捷工具栏上使用角度捕捉，输入"－18"，在"长度"输入框中输入测量到的数据再加上 1.8 充肩量，如图 4 - 36 所示。

（十四）做袖窿辅助斜线

1. 在确定快捷工具栏上使用比例捕捉，将快捷工具栏中的等分数改为"6"，从右向左依次单击端点，则画出等分线在胸围线的上方，得到等分线。接下来需要测量其中一份的长度，如图 4 - 37 所示。

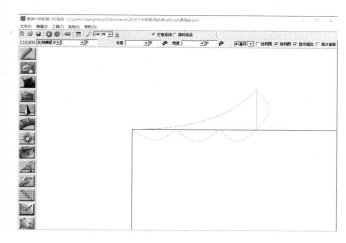

图 4 - 33

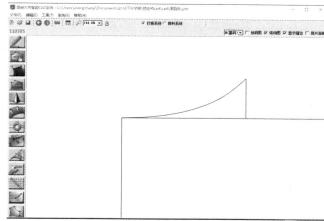

图 4 - 34

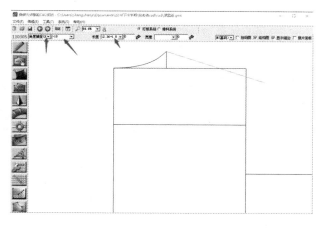

图 4 - 35

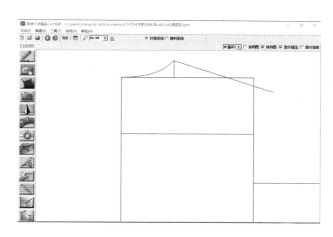

图 4 - 36

2. 选择"测量"工具，依次单击需要测量部分的左端点、两段点间的任意线上位置、右端点（如图 4 - 38 所示的三个点），得到测量值 1.79。

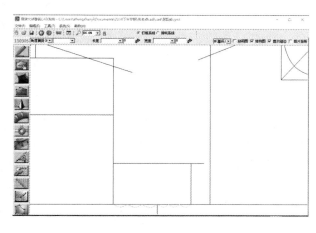

图 4 - 37

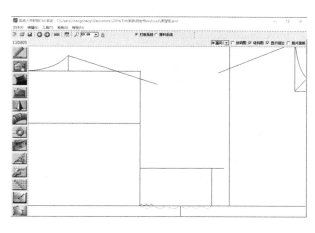

图 4 - 38

3. 选择"万能笔"工具，单击背宽线下端点，需确保在丁字尺的状态下（如果不是，单击鼠标右键切换），鼠标向右上方移动，单击鼠标左键，弹出"长度"对话框，单击对话框右上角的计算器工具，输入长度"（三角形）＋0.8（2.59）"，单击"确定"，绘制出后片上的袖窿辅助斜线。同样的方法绘制出前片上的袖笼辅助斜线，长度为"（三角形）＋0.5（2.29）"，如图 4－39、图 4－40 所示。

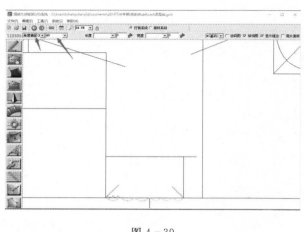

图 4－39

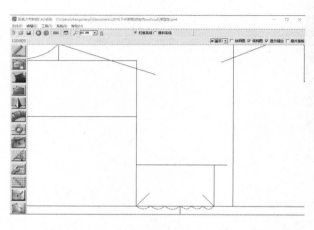

图 4－40

（十五）做袖窿曲线

继续使用"万能笔"工具，依次连接各关键点，画出袖笼曲线。如果曲线不够圆顺，可以使用调整工具进行调整。另外，袖窿曲线的另一部分见下步制作，如图 4－41、图 4－42 所示。

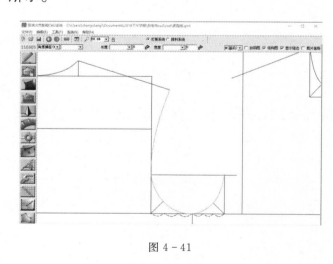

图 4－41

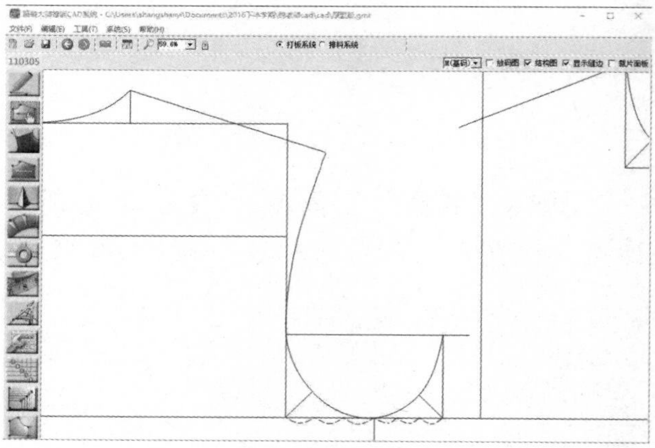

图 4－42

（十六）做袖窿省

1. 使用"万能笔"工具，确保快捷工具栏中的等分数为"2"，光标移动到胸围线右端点和胸宽线下端点的 1/2 点处，按下键盘上的"Enter"键，弹出"移动量"对话框，输入横移动量"－0.7"，单击"确定"，如图 4－43 所示。此点即为 BP 点，位置在前片胸宽线与前中线的中点向左 0.7 处。单击袖窿省下边线的上端点，作为旋转起点，移动鼠标并单击，弹出"旋转"对话框，单击对话框右上角的计算器，输入"胸围/4 － 2.5（18.5）"，单击"确定"，如图 4 - 44 所示。

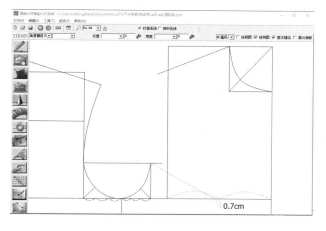

图 4 - 43

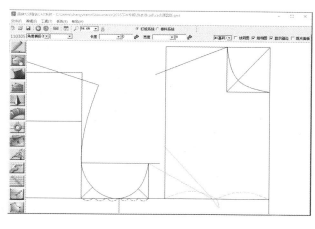

图 4 - 44

2. 选择"万能笔"工具，绘制出前片的袖窿曲线，如图 4 - 45、图 4 - 46 所示。

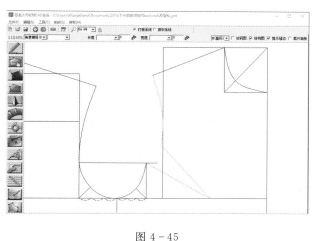

图 4 - 45

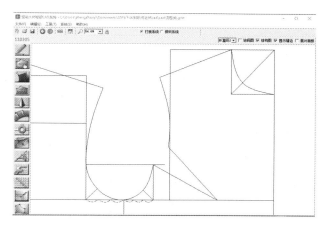

图 4 - 46

（十七）做后肩省

1. 使用"万能笔"工具，确保快捷工具栏上的等分数为"2"，光标移动到横背幅线上的 1/2 处，按下"Enter"键，弹出"移动量"对话框，输入横向移动量"1"，单击"确定"。向上移动鼠标，引出垂直线（如果不是出于水平垂直线的状态，可以右键切换）单击左键，输入一定长度（只要能够跟肩线相交即可），单击"确定"，做出后肩省的参考线，如图 4 - 47 所示。

2. 继续选择"万能笔"工具，在后肩线上参考线左侧单击左键，在弹出的对话框中输入距离"1.5"，单击"确定"，绘制出后肩省的左边，如图 4 - 48 所示。

注：此点位置的确定，也可以通过键盘直接输入的方式。当光标移动到后肩线上时，光标下方会出现一个红色的矩形框，里面的数值为光标与端点之间的距离；当按键盘上的数字时，此数值会随之变动。在键盘上输入完毕后，可以直接单击后肩线或按"Enter"键，即取得第二个点的位置。

3. 继续使用"万能笔"工具，同样的方法绘制出后肩省的右边，距离左边"胸围/32 -

0.8（1.8）"，如图 4-49、图 4-50 所示。

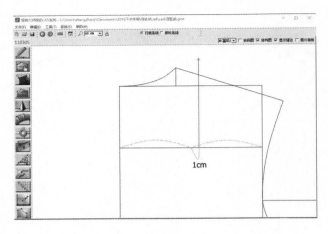

图 4-47

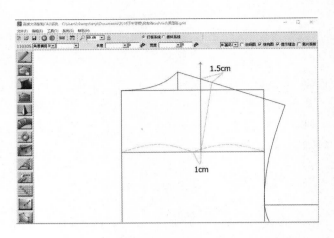

图 4-48

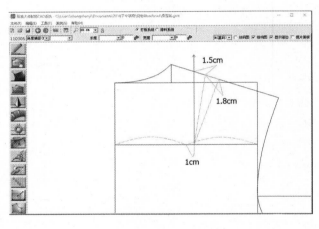

图 4-49

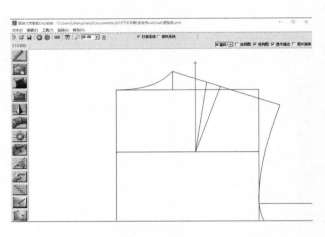

图 4-50

（十八）绘制腰省省线

1. 上衣原型将腰部的余量分成六个部分，即六个腰省，其中左侧的腰省位于后中缝，中间的腰省位于侧缝，其他四个腰省需要绘制出省线。

2. 选择"万能笔"工具，确保快速工具栏上的等分数为"2"，移动光标到后片胸围线的 1/2 处，按下"Enter"键，弹出"移动量"对话框，输入横向移动量"0.5"，纵向移动量"2"，单击"确定"。移动鼠标向下画出垂直线，与腰围线相交，如图 4-51 所示。

3. 继续使用"万能笔"工具，移动光标到 G 线左端点上，按下"Enter"键，弹出"移动量"对话框，输入横向移动量"-1"，单击"确定"。移动鼠标向下画出垂直线，与腰围相交。

4. 放大袖笼省，将袖窿省以下部分放大。选择万能笔工具，单击袖窿省下边线，继续单击腰围线，完成省线的绘制。

5. 使用"万能笔"工具，单击"BP"点，向下绘制一条垂直线，与腰围线相交。

6. 继续使用"万能笔"工具，按住键盘上的"Shift"键的同时，单击刚刚绘制的垂直线上靠近 BP 点出，弹出"调整曲线长度"对话框，输入长度增减量"-2"，单击"确定"，完成最后一条省线的绘制。如图 4-52 至图 4-56 所示。

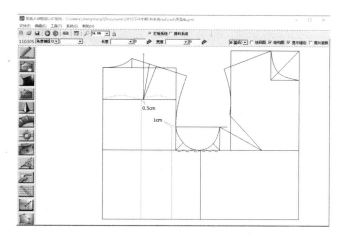

图 4-51

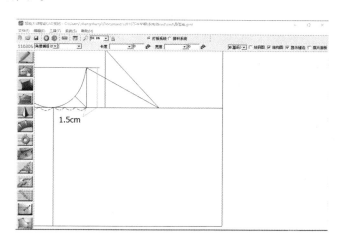

图 4-52

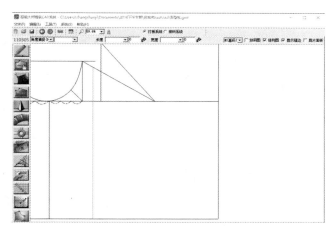

图 4-53

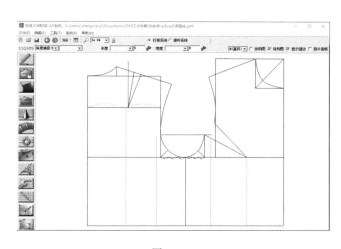

图 4-54

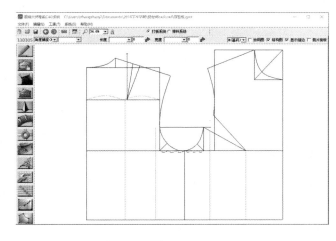

图 4-55

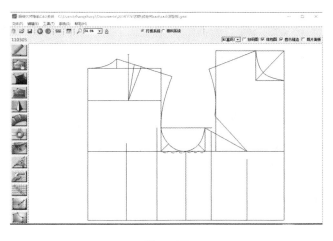

图 4-56

(十九) 绘制腰省

本例中腰围为 68cm，则腰部总省量为 11cm，按照分配原则，从后中线开始各个省量依次为 0.77cm、1.98cm、3.85cm、1.21cm、1.65cm 和 1.54cm。下面从后中线开始依次画出各个腰省。

选择"省处理"工具 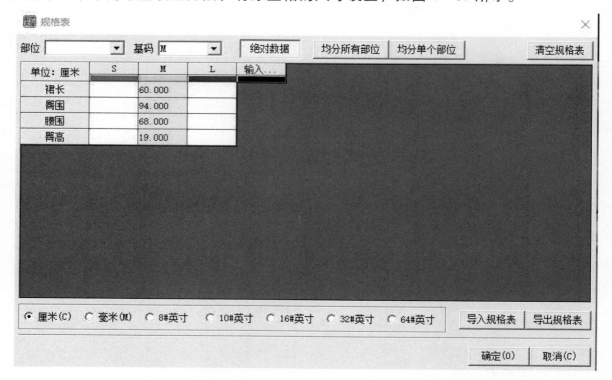，单击胸围线左端点，移动光标到腰围线靠近左端点出，在弹出的对话框中输入 0.77，单击"确定"；在省的右侧单击左键，确定省的倒向侧，系统自动将省合并后的情况显示出来，可以通过移动关键点，调整线段，但这里不需要调整，直接单击鼠标右键即可。用同样的方法，可以绘制出其他的腰省。

注意：省道还可以通过另一种方法绘制，即先裁剪出样片，然后使用纸样工具栏中的 V 形省工具绘制。

第二节　裙子原型制版

本节将利用服装大师 CAD 设计系统进行原型裙纸样的设计。原型裙的尺寸数据见表 4-2 所列。

表 4-2　原型裙的尺寸数据　　　　　单位：cm

部　位	裙　长	臀　围	腰　围	臀　高
尺寸	60	94	68	19

一、号型设置

参照第三节中的号型设置方法，将原型裙的尺寸设置，如图 4-57 所示。

图 4-57

二、裙片的结构设计

（一）做矩形

在确定快捷工具栏上使用输入宽度"47"（臀围/2），高度"60"（裙长），鼠标点击左键任意角拖拽，则会画出一定尺寸的矩形，如图 4－58 所示。

（二）做臀围线

鼠标框选最上面的线，按"Enter"键，则会出现一条绿色的平行线，在腰围线上按住鼠标左键向下拖动，在"距离"输入框中输入距离"19"（臀高），做出臀围线，如图 4－59 所示。

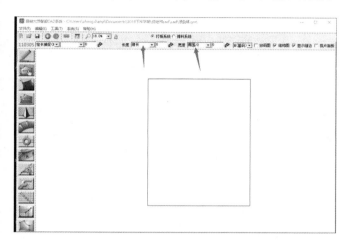
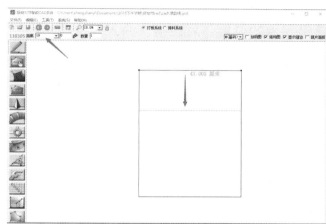

图 4－58　　　　　　　　　　　　　　　　　图 4－59

（三）做前后片分界线

使用"万能笔"工具，用鼠标框选后中线，引出平行线，在"距离"输入框中输入距离"22.5"（臀围/4－1），做出前后片分界线，如图 4－60 所示。

（四）做后片腰围线

1. 使用"万能笔"工具，在后片腰围线上靠近左端点处单击鼠标左键，按"Enter键"，弹出点位置输入框，输入长度"20"（腰围/4－1＋省量，省量为4），单击"确定"。单击鼠标右键，切换到丁字尺状态，向上画出垂直线，长度为"0.8"，如图 4－61 所示。

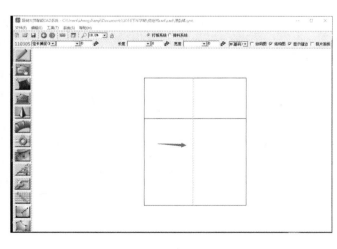
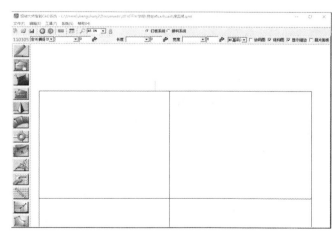

图 4－60　　　　　　　　　　　　　　　　　图 4－61

2. 继续使用"万能笔"工具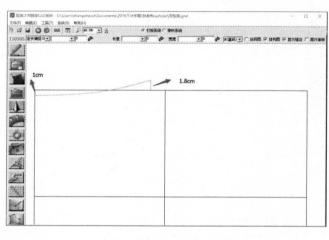，选择 3 个点，画出后片腰围线（当光距离远腰围线太近是，可以按住"Ctrl"键，避免光标自动吸附到原腰围线上），确定最后一点时，需要单击后中线靠近上端点处，在弹出的"点的位置"对话框中输入长度"1"，单击"确定"，最后单击鼠标右键结束曲线的绘制，如图 4-62、图 4-63 所示。

（五）做后片侧缝线

使用"万能笔"工具，定 3 点，向下移动鼠标，在腰围线和臀围线之间单击鼠标，最后在臀围线与前后片分界线的交点上单击鼠标，画出侧缝线上半部分，如图 4-64 所示。

（六）做前片腰围线

1. 使用"万能笔"工具，在前片腰围线上靠近右端点处单击鼠标左键，按"Enter 键"，弹出"点的位置"对话框，输入长度"-21"（腰围/4+1+省量，省量为 3），单击鼠标右键，切换到丁字尺状态，向上画出垂直线，长度为"0.8"。如图 4-65 所示。

图 4-62

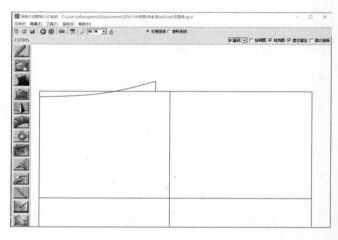

图 4-63

2. 继续使用"万能笔"工具，画出前片腰围线，如图 4-65 所示。

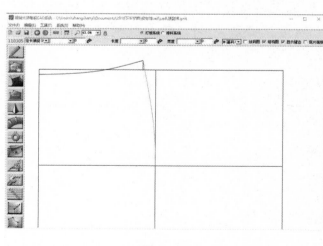

图 4-64

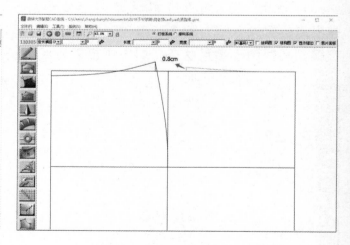

图 4-65

（七）做前片侧缝线

使用"万能笔"工具，画出前片侧缝线，如图 4-66 所示。

（八）确定后片腰省位置

1. 选择"角度线"工具，单击后片腰围线，在腰围线上靠近左端点处再次单击鼠标左键，弹出"点的位置"对话框，输入距离"8"，单击"确定"。出现垂直参考线，将鼠标移动到向下的垂直参考线上（参考线变红，如果参考线不是切线方向，可以按键盘上的"Shift"键进行切换），单击鼠标左键，弹出"角度线"对话框，输入长度"12"，单击"确定"，如图 4 - 67 所示。

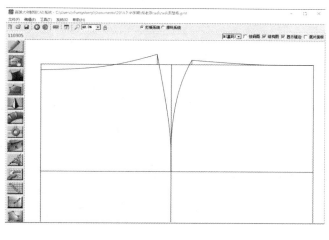

图 4 - 66

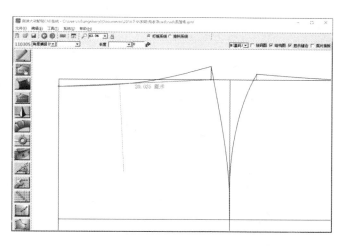

图 4 - 67

2. 继续使用"角度线"工具，单机后片腰围线（第一腰省位置线右侧），在腰围线上靠近第一个腰省位置线右侧出再次单击鼠标左键，弹出"点的位置"对话框，输入距离"5"，单击"确定"。画出另外一个腰省位置线，省深为"11cm"。如图 4 - 68、图 4 - 69 所示。

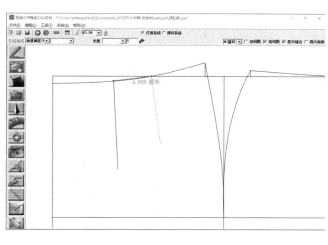

图 4 - 68

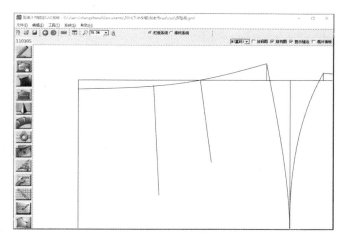

图 4 - 69

（九）确定前片腰省位置。

1. 为了制图方便，选择原有的水平腰围线，按下键盘上"Delete"键删除，如图 4 - 70 所示。

2. 选择"角度线"工具，画出前片的两个腰省，第一腰省距离前中线"8cm"，两个腰省之间距离为"5cm"，省深为"10cm"，如图 4 - 71 所示。

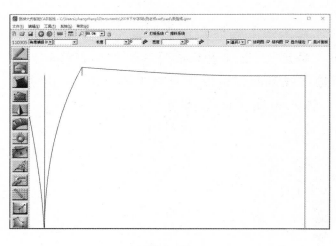
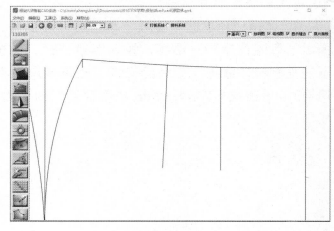

图 4-70   图 4-71

（十）做腰省

1. 选择"等份规"工具，按下键盘上的"Shift"键，切换到线上反向等距功能，单击后片左侧腰省位置线上端点，向左或右移动鼠标并单击，弹出"线上反向等分点"对话框，单击双向长度前的单选按钮，然后输入双向长度"2"，单击"确定"，得到两个点。

2. 选择"万能笔"工具，画出省得两条边线，其中，后片腰省的宽度为"2"，前片腰省的宽度为"1.5"，如图 4-72、图 4-73 所示。

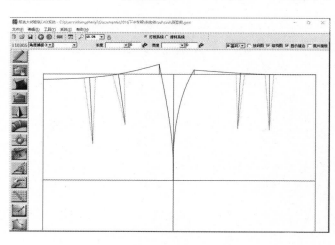
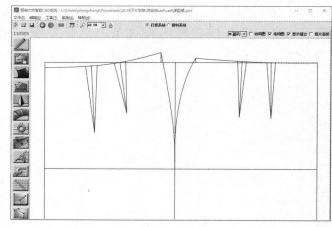

图 4-72   图 4-73

第三节　袖子原型的制版

一、袖子原型制作准备

1. 袖子的制图需要根据衣身袖窿的形状进行制作，所以需要从上身原型上复制出袖窿线及相关辅助线，并将袖窿省进行合并。

2. 选择"选择"工具中的移动要素，用鼠标选中需要复制的线条，然后在选择的任意线条的点上，用鼠标左击，一直按住"Shift"键，移动鼠标到某一空白位置，单击鼠标左键，放置复制出的图形。

3. 选择"选择"工具中的旋转要素，框选要旋转的线，单击鼠标右键，然后单击省拣点（BP点）作为旋转中心，单击省上边线的上端点作为旋转起点，移动鼠标到省下边线的上端点，单击鼠标左键，完成省得合并，如图4-74、图4-75所示。

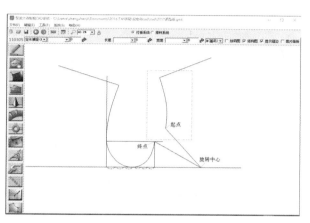

图 4 - 74

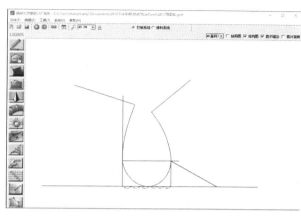

图 4 - 75

二、制作步骤

（一）确定袖山高度

1. 选择"万能笔"工具，从腋下点向上做出一条垂直辅助线。

2. 继续使用"万能笔"工具，从后片肩点向右画出一条水平线，与辅助线相交。

3. 选择"测量"工具，切换到两点距离功能，依次单击前后肩点，测量出两点间的垂直距离，本例中为 2.21。

4. 在确定快捷工具栏上使用比例捕捉，输入等分数为 6，左键单击腋下点，将鼠标移动到后肩点水平线与垂直辅助线的交点上，然后按下"Enter键"，在弹出的对话框中输入纵向移动量为"-11"（前后肩点高度差的一般），单击"确定"。5/6 等分点处即为袖山顶点。右击鼠标剪断，单击垂直辅助线，然后单击袖山顶点，将垂直辅助线剪断。

5. 选择多余的线，按"Ctrl+D"，将多余的线段删除，如图4-76至图4-79所示。

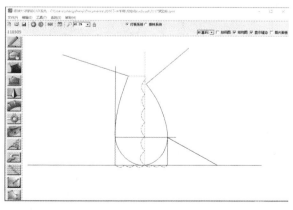

图 4 - 76

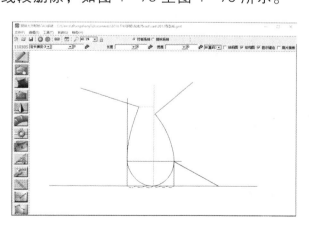

图 4 - 77

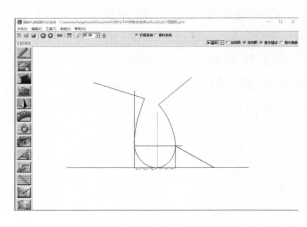 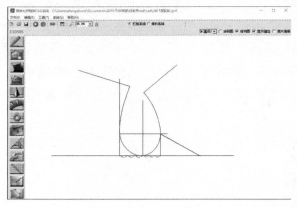

图 4-78　　　　　　　　　　　　　　图 4-79

（二）做袖山斜线

1. 选择 "测量" 工具 ，单击后肩点，然后单击后袖窿线从后肩点到腋下点之间的任意处，继续单击腋下点，在弹出的对话框中可以看到袖窿线的长度（本例中为 21.75cm），鼠标左键单击前袖窿线及后袖窿线腋下点右侧的部分，可以测量出前袖窿线的长度（本例中为 20.72），本例将后袖窿线变量名称修改为 "后 AH"，前袖窿线变量名称修改为 "前 AH"，如图 4-80 至图 4-82 所示。

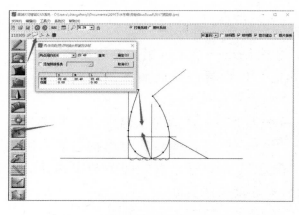 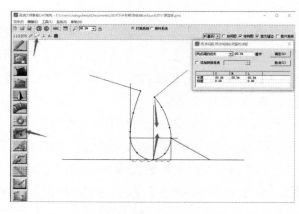

图 4-80　　　　　　　　　　　　　　图 4-81

2. 在 "长度" 输入框中分别输入前后袖笼深的长度，以中间长线的顶点为基点，画出两条长线。

3. 鼠标框选多余的线条，按住 "Ctrl＋D" 键，将多余的线段删除，如图 4-83 所示。

（三）做袖中线和侧缝线

1. 使用 "万能笔" 工具 ，在 "长度" 输入框中，输入新长度为 "袖长（54）"，单击 "确定"。

2. 继续使用 "万能笔" 工具 ，鼠标右击袖中线下端并按住移动，引出水平垂直线，松开鼠标，移动鼠标到后袖肥线左端点，鼠标右击，得到侧缝线和袖口线的左半部分，如图 4-84、图 4-85 所示。

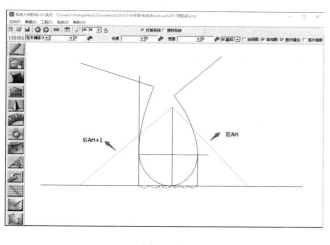

图 4 - 82

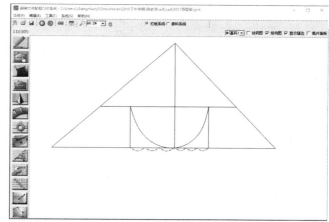

图 4 - 83

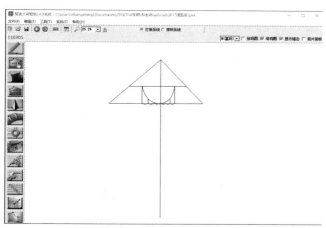

图 4 - 84

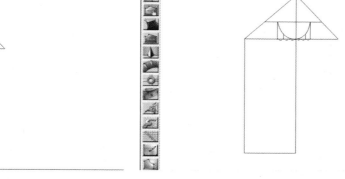

图 4 - 85

3. 同样的方法，绘制出右侧的侧缝线和袖口线，如图 4 - 86 所示。

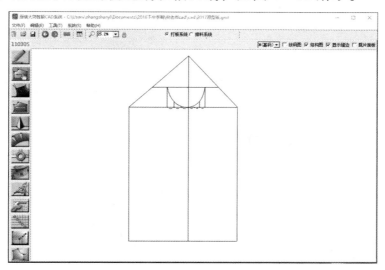

图 4 - 86

（四）做袖肘线

1. 使用"万能笔"工具 ，在袖中线上靠近袖山定点处单击左键，弹出"点的位置"对话框，点对话框右上角的计算器按钮，输入"袖长/2＋2.5（29.5）"，单击"确定"。向左画出一条水平线与侧缝线相交。

2. 继续使用"万能笔"工具 ，画出袖肘线的另外一部分，如图4-87、图4-88所示。

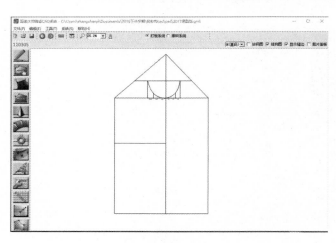
图 4-87

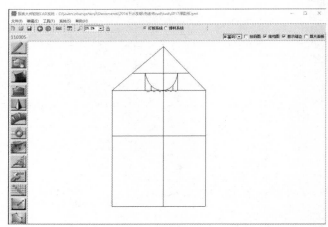
图 4-88

（五）做袖肥线上的垂直辅助线

1. 使用"万能笔"工具 ，从袖肥线上左数第一等分点向上画出一条垂直线，与袖窿线相交。同样从袖肥线上右数第一等分点向上画出一条垂直线，与袖窿线相交。

2. 选择"测量"工具 ，分别测量出两条垂直辅助线额长度（本例中分别为1.87cm和1.45cm），并记录，变量名称分别为"后C"和"前C"。

3. 选择"万能笔"工具 ，单机后袖肥线靠近左端点出，弹出"点的位置"对话框，单击对话框右上角的计算器按钮，输入"2×袖窿宽/6（2×三角形，三角形为绘制袖窿曲线时，记录的尺寸变量）"，单击"确定"。然后，向上移动鼠标画出一条垂直线，长度为"后C"。

4. 同样的方法，绘制出前袖肥线上的垂直辅助线，位置与后袖肥线上的垂直辅助线一样，长度为"前C"。如图4-89、图4-90所示。

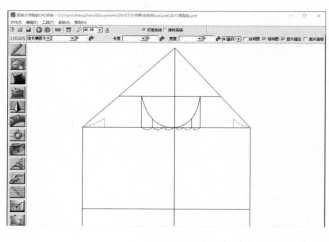
图 4-89

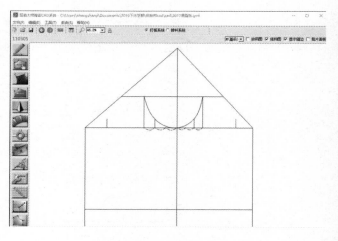
图 4-90

（六）做袖山斜线上的垂直辅助线

1. 在确定快捷工具栏上使用比例捕捉，分别把前后片的斜线等分为 4 份，然后在前片第一份处画出一条长为 1.8 并垂直于斜线的线。

2. 同样的方法，绘制出后袖山斜线上的垂线，与袖山顶点的距离同样为"前 AH/4"，长度为 1.9cm。如图 4-91、图 4-92 所示。

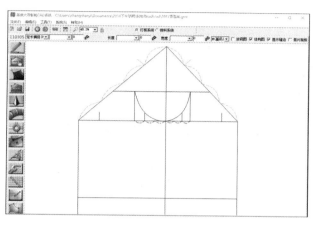

图 4-91

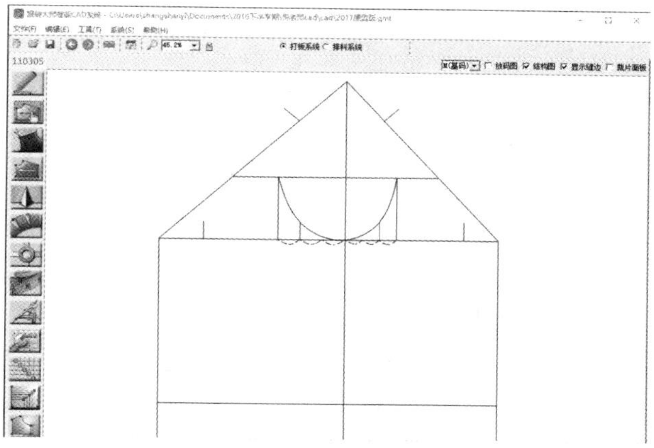

图 4-92

（七）做袖山弧线

1. 前片 G 点出上升 1cm，后片 G 点处下降 1cm。

2. 选择"万能笔"工具，经过各关键点画出袖山弧线。其中，袖山弧线经过前袖山斜线与 G 线交点以上 1cm 处及后袖山斜线与 G 线交点以下 1cm 处，如图 4-93 所示。

3. 袖片的基本制图完成，如图 4-94 所示。

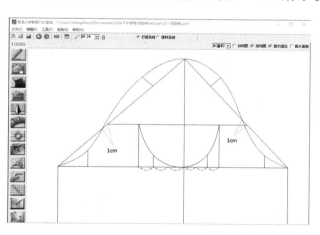

图 4-93

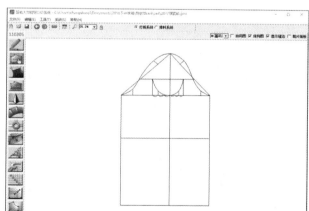

图 4-94

第五章 服装大师CAD制版实例

第一节 女式衬衫制版

一、衬衫款式效果图

衬衫款式如图5-1所示。

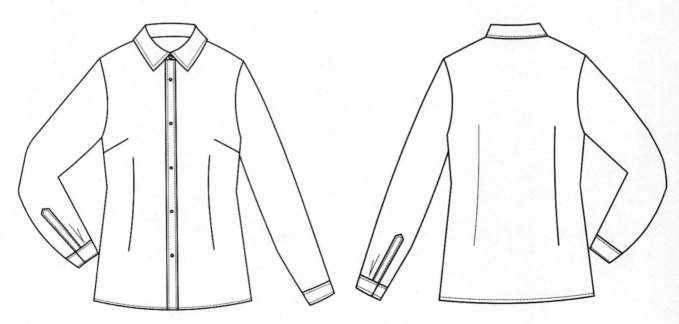

图5-1

二、衬衫 CAD 制版步骤

(一) 建立尺寸表 (见表 5-1 所列)。

表 5-1

号型 部位	S 155/80A	M (基本码) 160/84A	L 165/88A	XL 170/92A	差
衣　长	54	56	58	60	2
胸　围	88	92	96	100	4
腰　围	72	76	80	84	4
摆　围	90	94	98	102	4
肩　宽	37.5	38.5	39.5	40.5	1
领　围	35	36	37	38	1
袖　长	54.5	56	57.5	59	1.5
袖　肥	30.4	32	33.6	35.2	1.6
袖　口	17	18	19	20	1

(二) 制图步骤

1. 设置号型规格表。打开服装大师 CAD 系统，点击新建款式进行设置号型规格表，如图 5-2 所示。

图 5-2

2. 利用女士原型版打出衬衫框架，如图 5-3 所示。

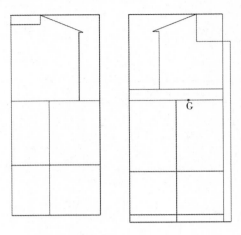

图 5-3

（1）绘制后片领弧线，肩线和袖窿弧线，使用调整工具，修正圆顺。

（2）绘制后片侧缝线，使用"智能笔"工具点击袖窿弧线端点并且在腰线位置后背按"Enter"键，做点偏移，输入偏移量为 21.5cm（腰围/4－互借量 0.5cm＋省量 3cm），在下摆位置做点偏移 23cm，画出侧缝线并修正圆顺，如图 5-4 所示。

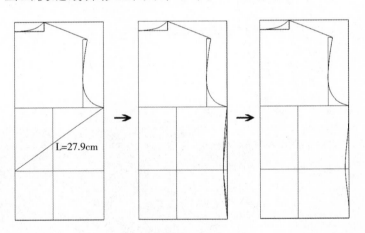

图 5-4

（3）画后片腰省。用"等分规"工具在腰省辅助线位置等分画出省大。用"智能笔"，按 Shift 键，鼠标右键点击省线辅助线上端，延长 2cm，找到上省尖位置。用"点"工具的偏移找到下省端点，并用"圆规"工具画出省位，如图 5-5 所示。

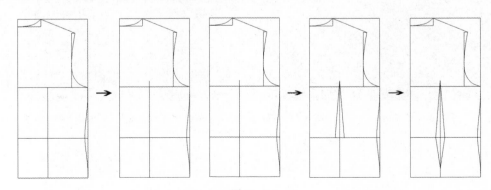

图 5-5

（4）画前片领窝弧线、肩线和袖窿弧线。用"智能笔"工具。

（5）画前片侧缝线。用"智能笔"工具的"点偏移"功能绘制，并修正圆顺。

（6）画前片胸省。用"智能笔"在侧缝线上端6cm的地方为起点，连接胸点，画出胸省线位置。用"智能笔"工具，连接省线位置，用"剪刀"工具，在省线位置剪断侧缝线，准备转省。

（7）省转移。用"转省"工具进行转移。首先用"转省"工具，框选要转移的部分。点击鼠标右键，在分别左键点击新省线后点击右键，再分别左键点击第一线和第二线，完成转省。

（8）用"智能笔"画出胸腰省，并调整省尖距离胸点位置。

（9）画出前后片下摆线。用"智能笔"工具绘制出下摆线，后片侧缝下摆起翘0.5cm，前片和后片等齐。如图5-6、图5-7所示。

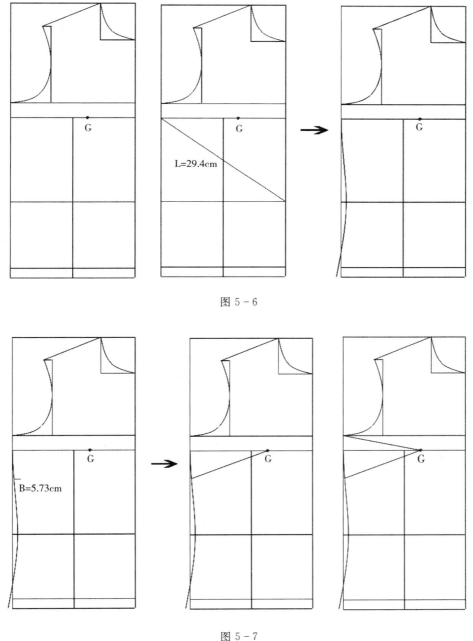

图 5-6

图 5-7

（10）画前门襟。用"智能笔"左键向右点拖前中心线做平行线，间距为 1.2cm，向左键点拖前中心线 1.2cm，画好门襟线和缉明线。以门襟线做中心线，用"对称"工具，对称复制前领弧线和门襟外侧线，如图 5-8 至图 5-10 所示。

（11）测量前后袖窿长度。用"比较长度"工具，分别测量前、后袖窿长度并记录。

（12）画袖子。在富怡设计与放码 CAD 系统菜单中，点击"文档"，选择"自动打版"，选择一片袖模板，并且在"后""前"数据栏中输入测量所得的长度，画出衬衣一片袖制图。

（13）绘制袖头。用"智能笔"工具，在空白处点拖画出矩形，长 20.5cm（袖口 18cm + 搭门 2.5cm），宽 8cm。用"智能笔"工具在矩形的左端 2.5cm 处画出袖头前中线，如图 5-12 所示。

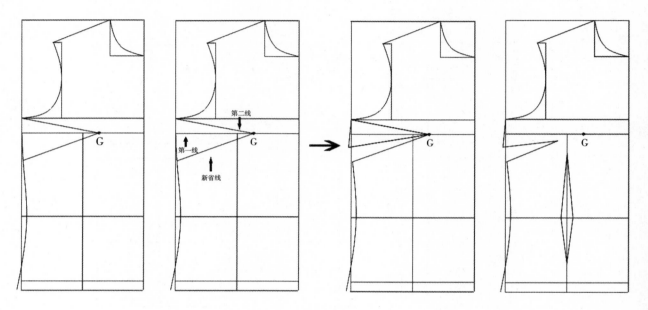

图 5-8

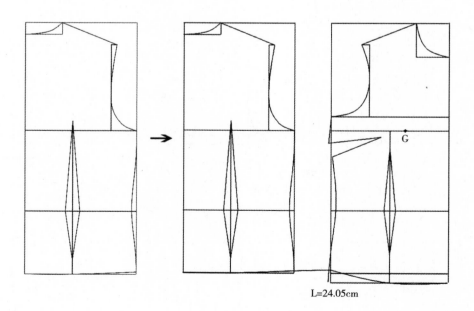

图 5-9

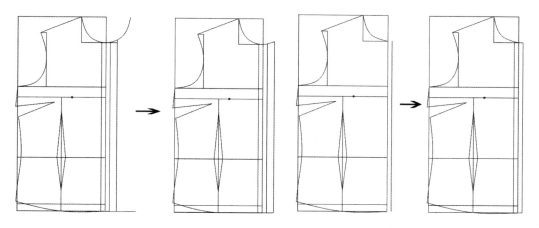

图 5 - 10

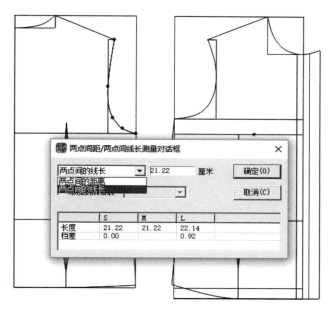

图 5 - 11

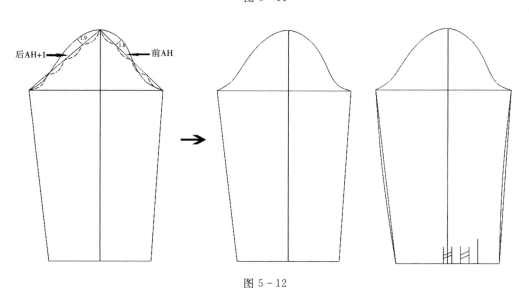

图 5 - 12

(14) 画领子。画领子的步骤, 如图5-13所示。

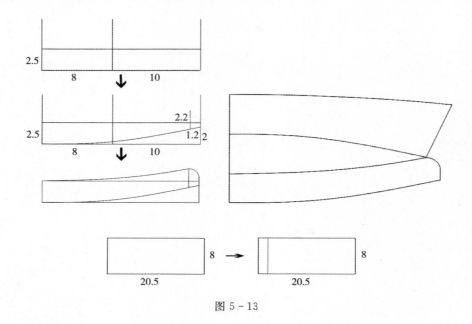

图 5-13

第二节 男式衬衫制版

一、男衬衣款式图

男衬衣款式图, 如图5-14所示。

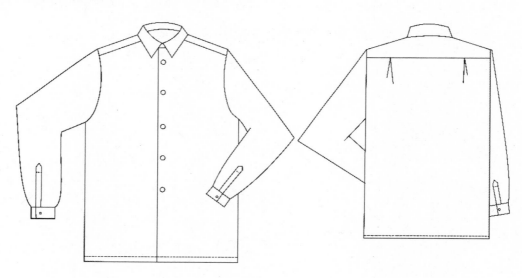

图 5-14

二、男衬衣 CAD 制版步骤

(一)建立尺寸表

以 M 码为基码, 输入各部分尺寸, 再输入需要放码的其他尺码的档差, 点击相对档差, 使其变为绝对数据后会自动出现放码尺寸，如图 5 - 15 所示。

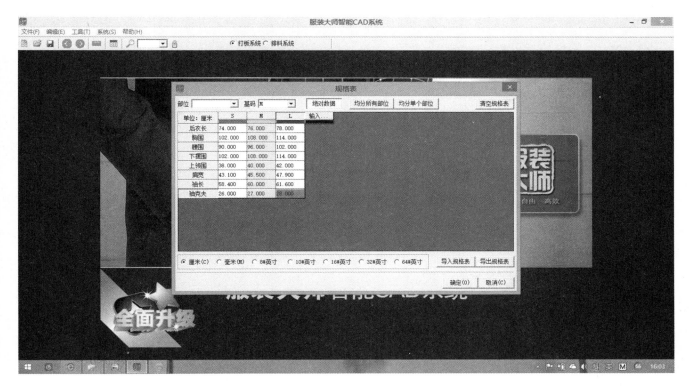

图 5 - 15

（二）衣身制图

1. 画出一个足够长，宽为衣长的长方形，如图 5 - 16 所示。

2. 画出腰线的位置（衣长/2 + 7），如图 5 - 17 所示。

图 5 - 16   图 5 - 17

3. 找出袖窿深的位置（胸围/10 + 13），如图 5 - 18 所示。

4. 画出前胸宽和后背宽（均为胸围/4），如图 5 - 19 所示。

5. 画出前片 1.5/10 胸围 + 4 和后片 1.5/10 胸围 + 5.5。

6. 画出前片的领宽（领围/5 - 0.5）和领深（领围/5 + 0.3），如图 5 - 20 所示。

7. 画出前片的领宽（领围/5 - 0.5）和领深（领围/5 + 0.3）。

8. 画出后片的领宽（领围/5 - 0.5）和领深（2.3cm），如图 5 - 21 所示。

9. 找出前片肩宽 AB（肩宽/2），从点 B 向下找出肩斜，BC 长度为胸围/20 – 0.5，如图 5 – 22 所示。

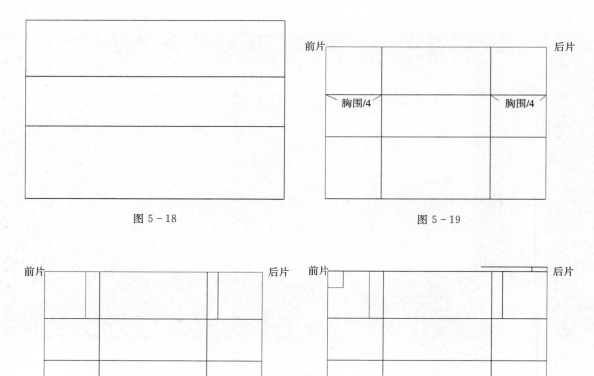

图 5 – 18

图 5 – 19

图 5 – 20

图 5 – 21

10. 画出前领，再使 C 点连接前领 D 点画出肩线，并画出袖窿弧，如图 5 – 23 所示。

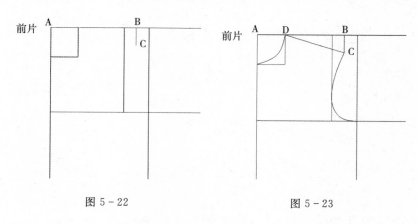

图 5 – 22

图 5 – 23

11. 在后片找出后片肩斜辅助线 GH，GH 与 EF 距离为胸围/20 – 0.8，如图 5 – 24、图 5 – 25 所示。

12. 利用测量工具测量出前片肩线 DC 的长度。

13. 画出后领，然后点击点 I，输入上一步骤测量出的长度数据，使其端点落在线段 GH 上，并画出后片窿弧线，如图 5 – 26 所示。

14. 画育克，找出 K 点（JK 为 8cm 也可以自定），画出水平线 KL 并找出这条线的中点，从中点向侧缝方向 2cm 为褶裥的位置，如图 5－27 所示。

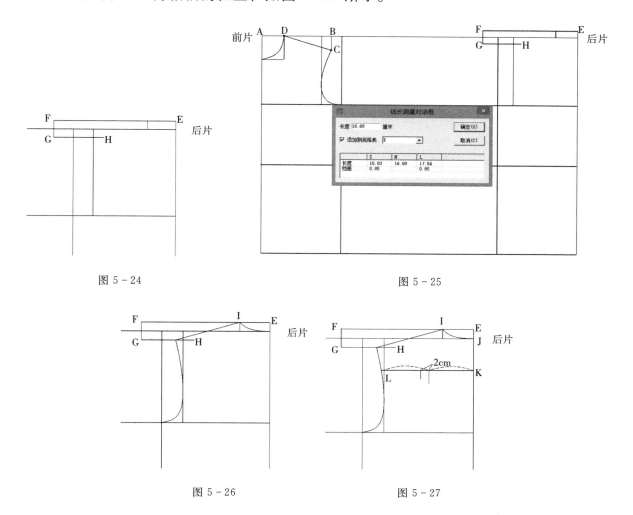

图 5－24　　　　　　　　　　　　　　　　　图 5－25

图 5－26　　　　　　　　　　　　　　　　　图 5－27

15. 用弧线工具绘制圆，以褶裥位置为圆心，褶裥到袖窿弧线的距离为半径画圆，使袖窿弧线的位置向下落 0.3cm 后再补出褶裥的量（2cm），最后画出新的袖窿弧线。

16. 用定常捕捉输入 3，在前片领子与袖窿弧处画出并重新连接肩线。

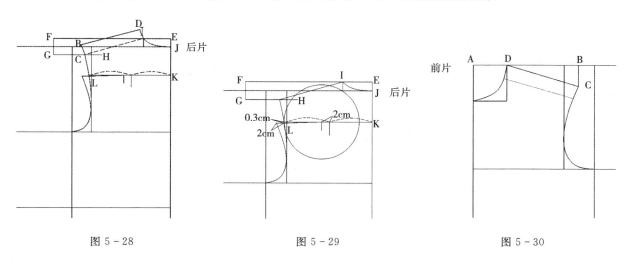

图 5－28　　　　　　　　　　图 5－29　　　　　　　　　　图 5－30

17. 用选择工具将前肩部分拖出来，放在后片肩线上面，并将后片原肩线改为虚线，如图 5-31 所示。

18. 将前片与后片的腰部侧缝处向内收 1.5cm，侧缝的下摆处向上抬 0.5cm，如图 5-32 所示。

19. 在前片画出门襟，标出扣子位置，完成男衬衣前后片制版，如图 5-33 所示。

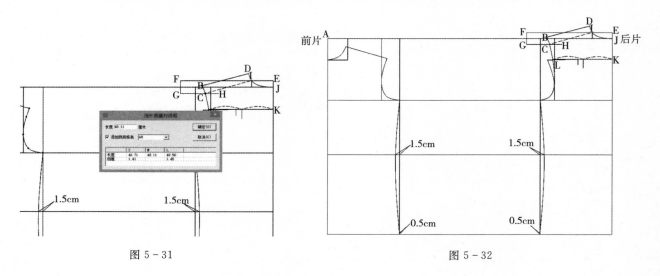

图 5-31

图 5-32

（三）袖子制图

1. 用测量工具测量前后衣片袖窿弧线的长度，勾选"添加到规格表，命名为 AH，如图 5-34 所示。

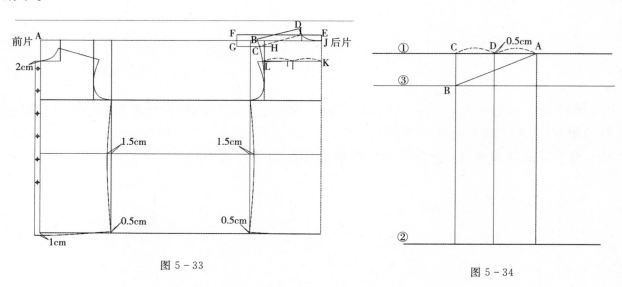

图 5-33

图 5-34

2. 找一处空白的位置，画袖子，首先画出三条相互平行的线，其中，①和②的距离为袖长－袖克夫，有 6cm；①和③的距离为 $\dfrac{\text{胸围}}{10} - 1.5$，最后将 AB（AH÷2）放置在①和③之间。

3. 先找出 AC 的中点，将中点向点 C 偏移 0.5cm 找到点 D，点击点 D 向下做②的垂线，如图 5-35 所示。

4. 点击选择工具中的镜像工具，框选 DE 这条线，点一下鼠标右键，再从 C 点开始描过

C、B 两点这条垂直的线，即可出线一条以 CB 为中心对称于 DE 的线，同样方式画出以 AF 为中心 DE 的对称线，如图 5-36 所示。

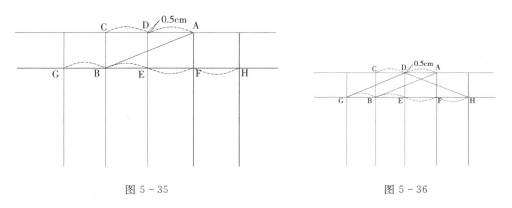

图 5-35　　　　　　　　　　　图 5-36

5. 连接 D、G 和 D、F。

6. 将 CD 和 GB 分别平分三等份，同样将 AD 和 HF 分别分为三等份，如图 5-37 所示。

7. 找出 CD 和 GB 的三分之一处连接 IJ，同样方式连接 KL，如图 5-38 所示。

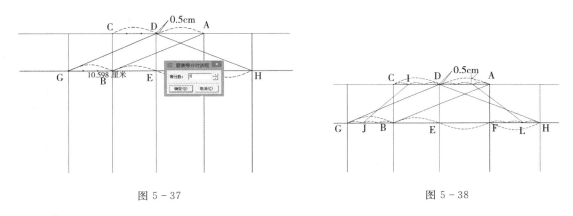

图 5-37　　　　　　　　　　　图 5-38

8. 如图 5-39 所示，将 DG 平分三等分，然后画出所有剩余的辅助线。

9. 连接所有的辅助点，画出袖山。

10. 以 M 为中点，画出袖口围的长度（袖克夫 + 褶量 6cm），并与袖山连接，如图 5-40 所示。

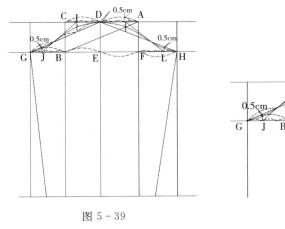
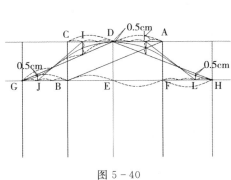

图 5-39　　　　　　　　　　　图 5-40

11. 将袖口分为四等份，取四分之一处作为袖衩的地方，袖衩长为 12cm，如图 5 - 41 所示。

12. 画出褶裥的位置，如图 5 - 42 所示。

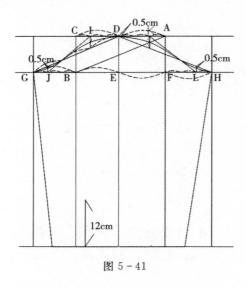

图 5 - 41

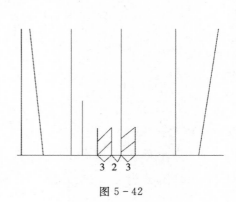

图 5 - 42

13. 袖子制版，如图 5 - 43 所示。

14. 领子制版，如图 5 - 44 所示。

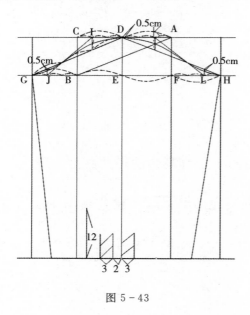

图 5 - 43

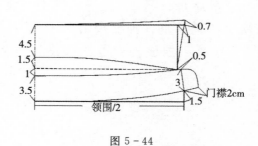

图 5 - 44

15. 袖克夫制版，如图 5 - 45 所示。

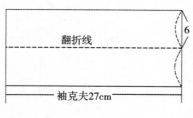

图 5 - 45

16. 完成所有部分的裁片（点画线部分不加缝边，前衣片门襟加 4cm 缝边），如图 5 - 46 所示。

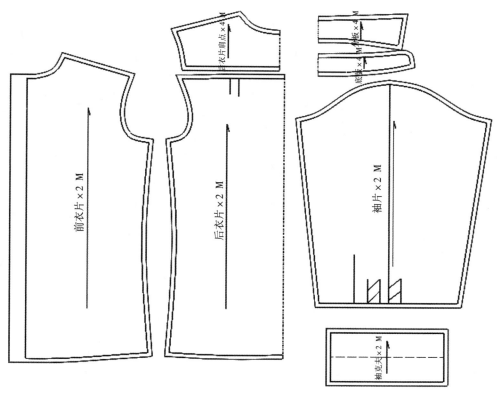

图 5 - 46

第三节　男式西服制版

一、男西装介绍

普通男西装，合体造型；平驳领，单排三档纽扣；手巾袋，有盖双嵌挖袋；前侧分割，两侧开衩；双片袖。袖口假开衩，四颗装饰扣。

以统一型号男性中间标准体型控制部位规格为基础进行规格设计，中间号型各部位见表 5 - 3 所列。

表 5 - 3

部位	衣长	胸围	肩宽	背长	袖长	袖口	大袋口	手巾袋
规格	76	110	47.4	44	59.5	15	16	10.8
分档数值	2	4	1.2	1	1.5	0.5	0.4	0.2

二、西服结构设计

（一）尺寸表

根据产品号型设计需要，设计规格系列，如图 5 - 47 所示。

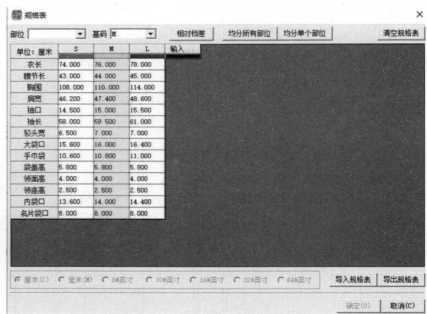

图 5-47

（二）西服结构

运用万能笔等各种工具绘制男西装基本框架。

1. 主要部位及其计算公式如下。

（1）衣身框架：

① A－B＝C－D＝衣长；A－C＝胸围/2＋3cm（前片腋下省量及后片中缝、侧缝撇量）；D－E＝胸围/6＋7cm；D－G＝背长；

② D－J＝胸围/20＋3.5cm；J－K＝2.4cm；D－L＝肩宽斜度比值为2：5；E－N＝胸围/6＋3.5cm；过N点作垂线为后侧缝标线，下至衣长线，上至肩端点垂线，后袖笼深1/4点向外1cm作点O，过点作平行线至衣长线为前侧缝标线；

③ B－P＝胸围/20＋5cm；P－Q＝15cm；Q－R＝3cm（斜肩度比值为3：1）；P－S＝K－M－0.7cm；

④ F－T＝胸围/6＋2cm；T－U中点V；前侧缝标线至T中点W；

⑤ 前中加长2.5cm；搭门2cm；

⑥ 后中底摆斜进3cm作点Y，与E－D中点a连辅助线；辅助线与腰节线交点收进0.5cm；后侧腰收进1.5cm；∠Ycb为直角；

⑦ 大袋位：腰节线下9cm作平行线；

⑧ 胸省：手巾袋中点作垂线为胸省位，省尖离手巾袋位线5cm；腰节线省量1.4cm，大袋位省量0.6cm。

衣身框架如图5-48所示。

（2）纽位与圆摆：

① 大袋位线下3cm为最下档纽位，间隔10cm确定中、上档纽位；最上档纽位为驳领翻折点。

② 前中线向内2cm为圆摆斜线，再向内5cm为圆摆弧线切点。

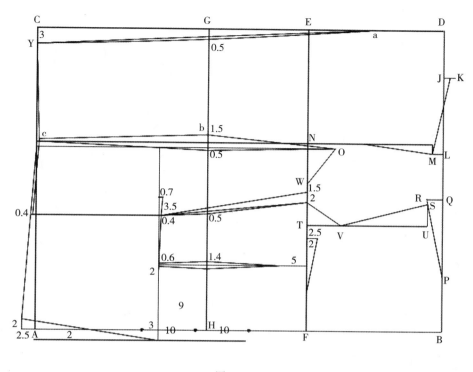

图 5 - 48

2．领子：

（1）驳领：在后领圈部位，绘画驳领翻折效果线；连接袖笼弧线，如图 5-49、图 5-50 所示。

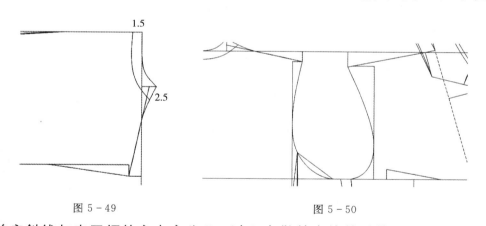

图 5 - 49　　　　　　　　　　　　　图 5 - 50

（2）将前肩斜线与直开领的交点定为 B，过 B 点做前中线的垂线 BC，取 BC＝2cm，确定 C 点；在前门线与第一纽位的交点位置确定驳领下限点 A；连接 AC 确定驳领线，如图 5-51 所示。

（3）在 AC 的延长线上取 CD＝10cm；作 DF 垂直于 CE，取 DE＝2cm，直线连接 EC；做 EF 垂直于 CE，取 EF＝领座高 2.5cm，确定 F 点，如图 5-52 所示。

（4）直线连接 F 与点 O；弧线画顺 FO，过肩斜与 FO 交点沿弧线量出 1/2 后领圈大，调整 F 点，如图5-53 所示。

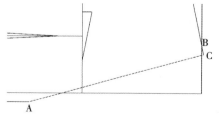

图 5 - 51

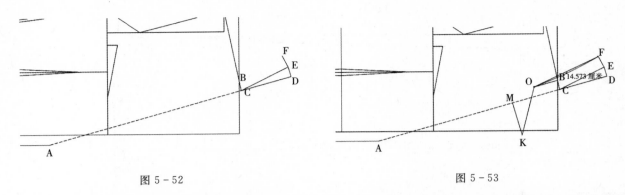

图 5-52　　　　　　　　　　　　　　图 5-53

(5) 过点 F 作点 FO 的垂线 FG，FG = 领宽 6.5cm，确定 G 点；过 G 点作 FG 的垂线 GH，取 GH = 16.5cm。确定点 H；M 为 AC 上自定一点，KM = 7cm，连接 KO，如图 5-54 所示。

(6) 由 K 向里 4cm 确定点 V，连接 VH，在 VH 上取 VT = 3.5cm，并画顺曲线 VT；连接 TG 为一条曲线；最后调整曲线 FO、VT 和 TG，如图 5-55 所示。

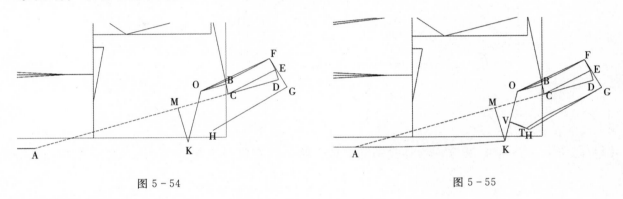

图 5-54　　　　　　　　　　　　　　图 5-55

3. 挂面及袋位：

(1) 挂面：圆弧摆切点 B，颈侧点向内 3～4cm 做点 C，弧线画顺 C－B 为挂面造型线，如图 5-56 所示。

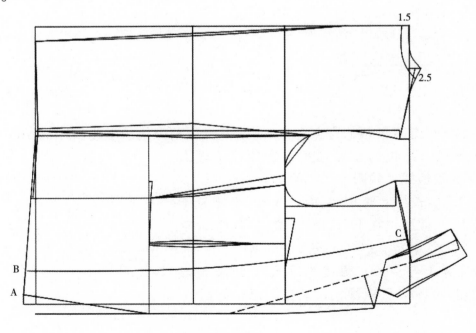

图 5-56

（2）名片袋：胸围线上，胸宽点向内 2.5cm 左右，再向上 2cm，作斜向袋口；确定袋位为 abcd，如图5-57 所示。

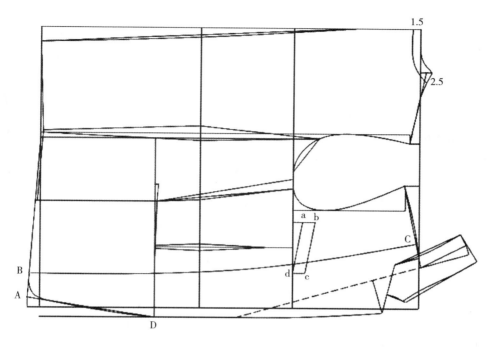

图 5-57

（3）大袋口：省位线向外 2cm 为前侧袋口；大袋口 -5.5cm，确定前侧分割线，过点做垂线至底摆线；袋口线处设置省量 0.4cm，向外 3.5cm 为后侧袋口位，后侧袋口起翘 0.7cm，如图 5-58、图 5-59 所示。

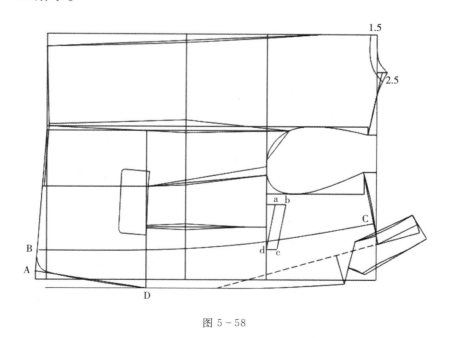

图 5-58

4. 袖子：

（1）拷贝前片的袖笼部位、胸围线、腰节线、大袋位等相关结构，袖笼线保持衣片线型，其他线均改为辅助线型；运用选取工具移动袖笼部位，使腋下断开处 T 拼合，如图 5-60

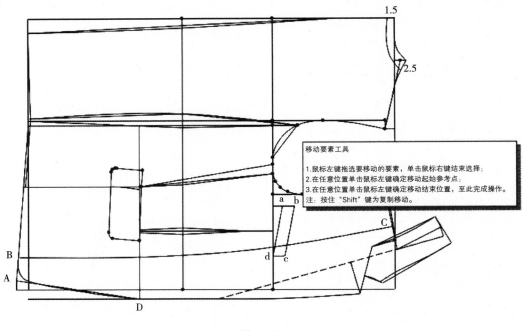

图 5-59

所示。

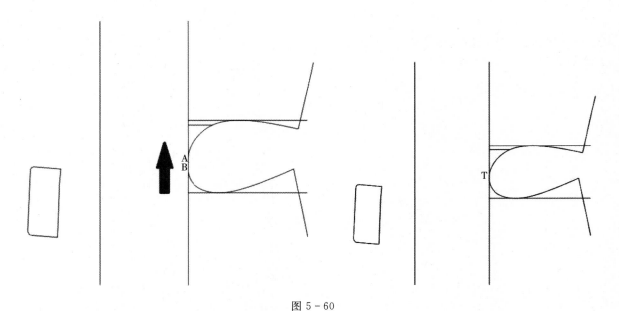

图 5-60

（2）原胸围线为袖肥线，腰节线为袖肘线，以袖肥线向上 AH/3 做平行线 AB 为上平线，原胸宽线交上平行线于 A，交袖肥线于 F，F-A 的 1/4 点 C，并垂直延伸与袖笼线相交；上平线向下取袖长做平行线为袖口线，如图 5-61 所示。

（3）过点 C 与大袋盖中点连线，并延伸至袖口线，此线为前袖标线；离袖标线两侧各 2.5cm 作平行线，为大小袖片前侧缝辅助线，如图 5-62 所示。

（4）作 F 点至 A-B 线等于 AH/2+0.5cm 的交点 G，垂直连线至袖肥线交于 H，如图 5-63 所示。

（5）测量袖笼弧线 C-L。做 C 点至 A-B 线等于弧线（C，L）+0.5cm 的交点 M，为袖山中点；做后袖窿深中点 J 的垂线 J-K；测量袖窿弧线 J-N，做 M 点至 J-K 线等于弧线（J，N）+1cm 的交点 K；测量袖窿弧线 P-J。做 P 点至 J-K 线等于弧线（P，J）-（0.5 至 0.7）cm 的交点 Q，如图 5-64 所示。

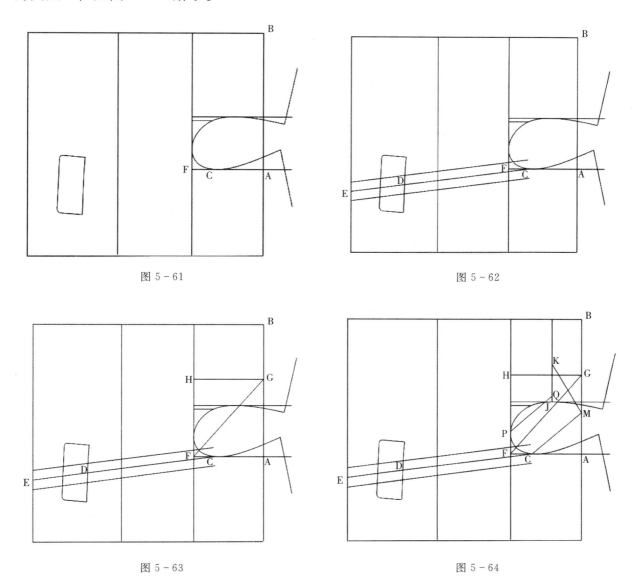

图 5-61　　　　　　　　　　　　　　　　图 5-62

图 5-63　　　　　　　　　　　　　　　　图 5-64

（6）袖标线与袖口交点 E 向内 1.5cm 作点 R，R-S 为袖口大；小袖前侧缝辅助线与袖窿弧线交点于 U，在大袖片前侧缝辅助线上做 U 的对称点 V，如图 5-65 所示。

（7）改选衣片线分别勾画大小袖片轮廓线，大小袖片前侧缝袖肘处凹进 1.2cm 左右，大小片后侧袖缝线离袖肥线上的 H 点距离保持相等，如图 5-66 所示。

（三）样板制作

1. 净样板制作：

运用移动工具，选中轮廓线，分离衣片，并删除衣片轮廓线上多余的点，制作净样板。

（1）挂面：保留内袋前侧袋口位，及内袋贴对位点，并改为尖点。

（2）前片、侧片：袋位点、省道、纽位等改选内线、尖点表示；侧片侧缝与袋位平齐处作侧开衩位。

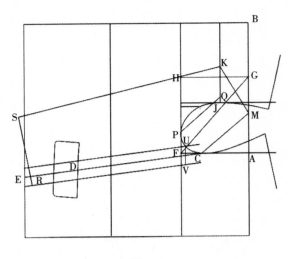

图 5 - 65

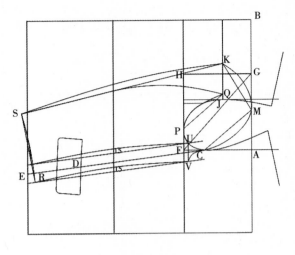

图 5 - 66

（3）后片：侧缝与前侧片开衩位对作做位点。

（4）袖片：小袖片做上下翻转；大小袖片前侧缝上段 10～12cm 处做对位点，下段 15～20cm 处做对位点；大小袖片后侧缝离袖口 10cm 左右做开衩位。

（5）领子：为使领子翻折更适合颈部，须对领座与领面做分割处理。

利用移动工具，点选领子部分轮廓线，移动，分离出领子基本样板。

① 领里：领里通常选用无纺针棉面料，故又称领底呢样板。以领子基本样板位基础制作，外缘止口向内缩进 0.2～0.3cm，领角缩进 0.3～0.4cm，串口线加出 0.5cm 左右。

② 领子翻折线：领座高 2.5cm 做点翻折线点 A，与串口线翻折点 B 弧线连顺，即领子翻折线。

③ 领座分割线：A 点向下 0.7cm 左右，与 CB 中点顺翻折线画领座分割线。

④ 领座分离：沿领座分割线分离领座与领面。

⑤ 修正分割线：鼠标框选需要修正的线条进行修改。

⑥ 对位标记：肩线位标记 L；分别自 M、N 点测取领宽尺寸作对位点 P、S；以 CL 距离，分别自 F、H 点测量作对位点 Q。

净样板制作如图 5-67 所示。

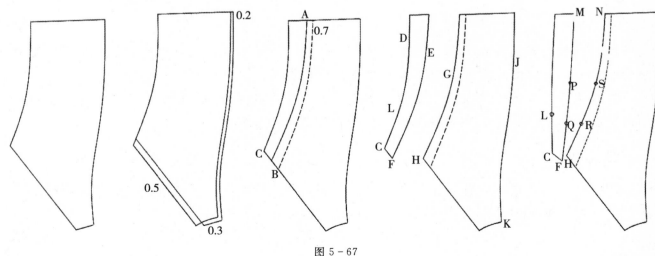

图 5 - 67

（6）部件：

① 大袋口嵌条：宽 1.2cm（袋嵌宽 0.6cm）。

② 手巾袋垫底：按袋口斜度，宽 4 至 5cm。

内贴袋：保留内袋位后侧袋口位。

③ 手巾袋片：双层袋片，对折展开制作。

部件如图 5-68 所示。

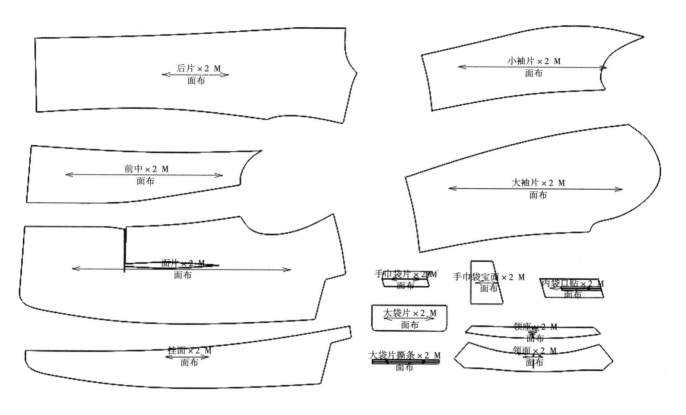

图 5-68

2. 毛样板制作：

在净样板的基础上制作毛样板，按工艺要求加放缝份。

（1）前片：圆摆切点至门襟止口缝为 1cm，底摆部分为折边缝 4cm。

（2）侧片：侧缝开衩位向上 3cm 左右，加放搭门及缝份为 4cm。

（3）后片：底摆部分折边缝为 4cm，侧缝开衩位向上 3cm 左右，门襟贴边加放 4cm。

（4）袖片：袖口折边缝份为 3cm，后侧缝开衩位向上 2cm 左右，加放贴边 3cm，其他部位缝份 1cm。如图 5-69、图 5-70 所示。

（5）前后侧缝袖笼做平头处理；放缝后做大袖片开衩口对折拼角处理。

在服装大师软件中利用裁片工具中的裁片将各个部位衣片裁出，裁出时点击右上角的裁片面板，会出现裁好的衣片，点击右上角的显示缝边，各个衣片就会出现缝边，继续在裁片工具里有三个调整缝边的小工具，分别为"缝边处理、切角处理和段差处理"，我们可以利用这几个工具调整缝边距离，如图 5-71 所示。

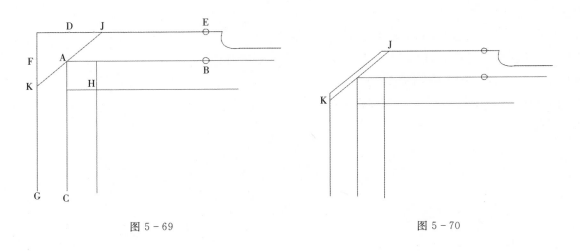

图 5-69   图 5-70

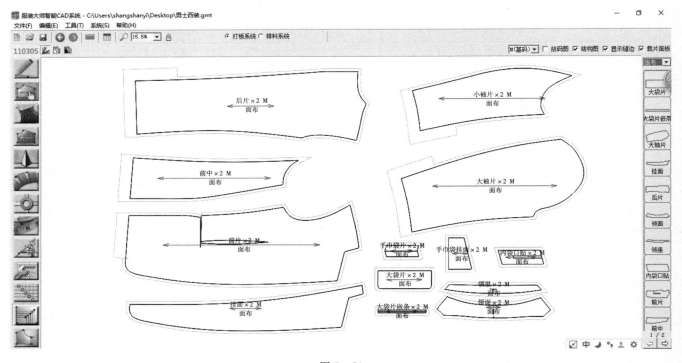

图 5-71

3. 里子样板制作

西服大袋盖的里子选料可选用里子面料；领子通常为无纺针棉材料。里子样板以净样板为基础制作，底摆、袖口缝份为 1cm；后中缝 2.5cm，其他缝份为 1.5cm（原则上比面子大 0.5cm）。

（1）前片：内贴袋位分割断，分别加放缝量；腰节省移至两侧，即侧缝腰节线处缩进 0.7cm 左右，挂面分割缝腰节线处缩进 0.5cm 左右，修整轮廓线。

（2）侧开衩：调整侧斜缝至开衩里襟搭门止口处，即后里子侧缝偏进搭门量，前侧片里子侧缝偏出搭门量。

（3）袋布：选用里子或其他袋布面料，按实际袋口两端加放 2cm 左右，袋深加放 2cm 左右，注意袋布袋口斜度应与实际袋位相符。

里子样板制作如图 5-72 所示。

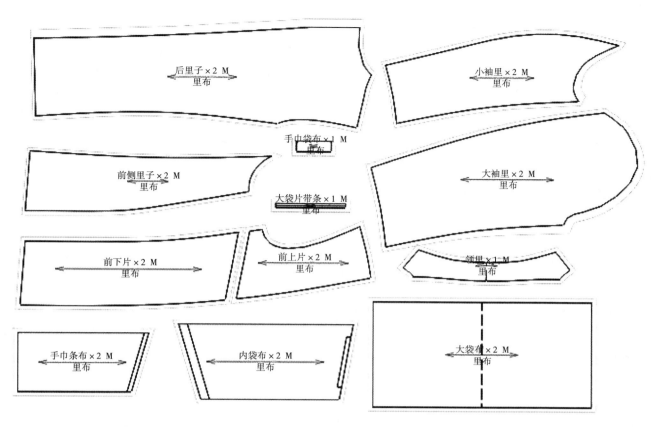

后里子×2 M
里布

小袖里×2 M
里布

手巾袋布×1 M
里布

前侧里子×2 M
里布

大袖里×2 M
里布

大袋片带条×1 M
里布

前下片×2 M
里布

前上片×2 M
里布

领里×1 M
里布

手巾条布×2 M
里布

内袋布×2 M
里布

大袋布×2 M
里布

图 5-72

第六章 服装大师CAD放码系统

第一节 工作界面介绍

一、参数修改工具

1. 使用该工具的前提是在创建款式时选择参数打版。
2. 该工具主要针对在电脑起头版的款式，对基码各部位数据可以在任何时候查看并修改。
3. 可以重新编辑相应部位的自动放码量。
4. 鼠标左键单击顶点或要素，弹出"参数修改对话框"。

参数修改工具如图6-1至图6-2所示。

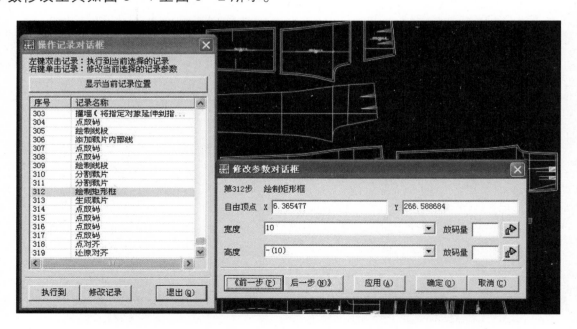

图6-1

图 6 - 2

5. 不限结构图或裁片。

6. 系统提供了任何部位的数据都可随时查看并可修改。

7. 打版的步骤全部被系统记录下来，并可随时无限制撤销和恢复。

注：直接单击工作区中的任意一条线即可弹出"修改参数对话框"，在对话框里直接修改即可，修改之后单击应用，如不满意可以再重新输入新的数据，再次应用；应用之后的效果如满意直接点取消即可。

二、点放码工具

1. 点放码：

（1）左键框选或点选目标放码点，（按住"Shift"键不放，可框选线上内部点，按住"Ctrl"键不放，可加选放码点）；弹出点放码规则表，输入相应的水平和竖直方向放码量，点击"放码"。

注：红色为水平方向，蓝色为竖直方向，放码时箭头指示方向为大号放码方向。

（2）不规则放码可在下面放码表逐次输入放码量。

（3）系统提供了：自然方向放码、水平平行、竖直平行、双向平行、要素距离、要素长度放码方式。还可以进行直角和夹角坐标的切换。

（4）提供了更大的自由型，无须输入正负号，通过水平或竖直翻转调整即可。

（5）在已经放好码的图上可以通过在规格表里添加新的尺码，实现规则放码，前提是必须是规则放码才可用，否则添加尺码、部位后会变成规则放码。不规则放码建议采用规格表放码，这样即使是在规格表里添加尺码、部位也不会变成规则放码。如图 6-3、图 6-4 所示。

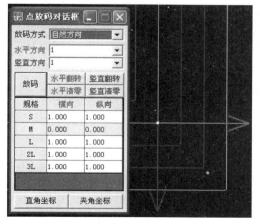

图 6 - 3

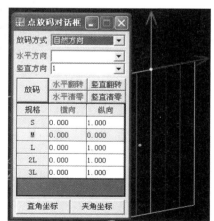

图 6 - 4

（6）自然放码：点选或框选放码点，在水平方向、竖直方向输入相应的放码量，点击放码完成操作。

（7）夹角坐标：点选或框选放码点，单击下面的夹角坐标，在对应的水平方向、竖直方向输入相应的放码量，点击放码完成操作。

（8）水平平行：点选或框选放码点，在放码方式下拉菜单中选择水平平行，然后单击要平行的线，点击放码完成操作。

（9）竖直平行：点选或框选放码点，在放码方式下拉菜单中选择竖直平行，然后单击要平行的线，点击放码完成操作。

（10）双向平行：点选或框选放码点，在放码方式下拉菜单中选择双向平行，然后单击两根要平行的线，点击放码完成操作。

（11）要素距离：点选或框选放码点，指示参考点，在要素距离栏里输入相应的放码量，点击放码完成操作。

（12）要素长度：点选或框选放码点，指示参考点，在要素长度栏里输入相应的放码量，点击放码完成操作。

注：特殊情况也可以借助万能笔的要素定长、长度调整来实现一些特殊的放码。

（13）刀口放码：直接框选要放码的刀口既可进行刀口放码，水平平行、竖直平行、双向平行对刀口放码无效。

2. 复制放码点 ⤵：

框选或点选参考放码点，选择相应的复制类型，再选择目标放码点（可多选），右键完成复制。

注意：参考放码点如果是使用了双向平行功能的话，则不能被复制。

3. 删除放码点工具 ✖：

点选或框选（曲线加"Shift 键"）放码点，然后单击删除放码点图标即可实现删除放码点。如图 6-5 至图 6-8 所示。

注：被删除之后的放码点，放码信息全部清空；而水平清零、竖直清零只是将该点的放码量变成零，这一点的放码信息依然存在。

图 6-5　　　　　图 6-6　　　　　图 6-7　　　　　图 6-8

三、放码对齐 📈

1. 一点对齐 ↙：

左键框选或点选要对齐的放码点即可完成。放码图以选定的点对齐，并且可以辅助点放码执行一些特殊的放码。

2. 两点对齐（线对齐）📄：

左键依次点选要对齐的两点即可完成。以点选的顺序执行线对齐，先选的点优先为对齐点，并且可以辅助点放码执行一些特殊的放码。

3．对齐还原

（1）选择"还原对齐"工具。

（2）在需要还原对齐的裁片上单击鼠标左键，完成操作。

注：线对齐目前无法还原对齐。

四、联动工具

1．对称联动：

（1）鼠标左键框选或点选被联动要素。

（2）鼠标左键点选对称轴起点。

（3）调整被修改要素上的点，以达到修改要求，单击鼠标右键结束。

对称联动如图 6 - 9、图 6 - 10 所示。

2．同向联动：

（1）鼠标左键框选或点选被修改的要素

（2）鼠标左键框选或点选被联动的要素，可以是多个要素。单击鼠标右键结束。

（3）调整被修改要素上的点，以达到修改要求，单击鼠标右键结束。

同向联动如图 6 - 11、图 6 - 12 所示。

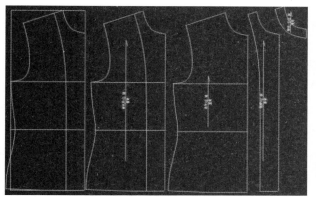

图 6 - 9

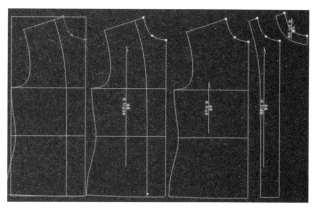

图 6 - 10

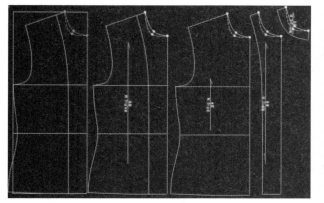

图 6 - 11

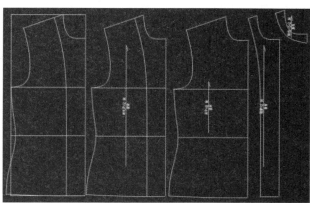

图 6 - 12

注：被联动对象和被修改对象上的点数必须相同。对称轴不一定非得完全居中，只需要给定对称的方向即可，如图 6 - 13、图 6 - 14 所示。

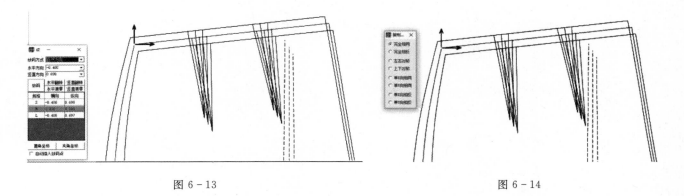

图 6 - 13   图 6 - 14

第二节　放码实例

一、裤子放码

1. 首先打开做好的裁片，将服装大师软件右上角的"显示缝边"选项取消，为了方便接下来的操作，如图 6 - 15 所示。

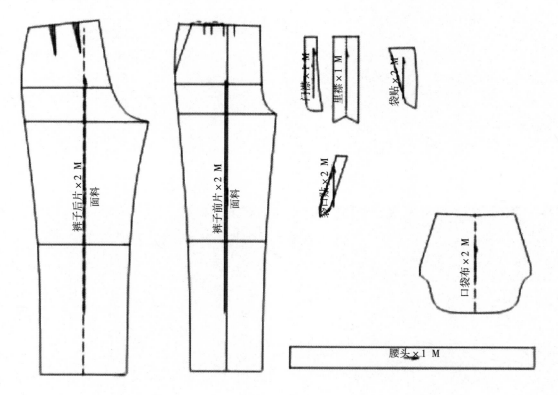

图 6 - 15

2. 找到服装大师软件右上角的"放码图"，点击后，各个裁片就会显示处"S、M、L"三个裤子型号的码，如图 6-16 所示。

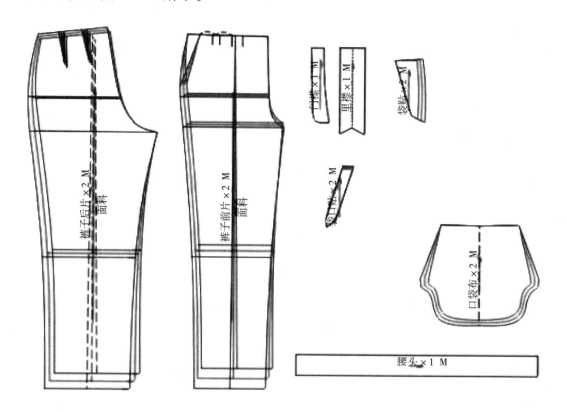

图 6-16

3. 打开服装大师软件里的点放码，里面分别有"点放码，复制放码点和删除放码点"用于修改放码不正确的部位。

4. 打开服装大师软件的放码对齐，里面有"点对齐，线对齐和还原对齐"，是为了统一所有的裁片，如图 6-17 所示。

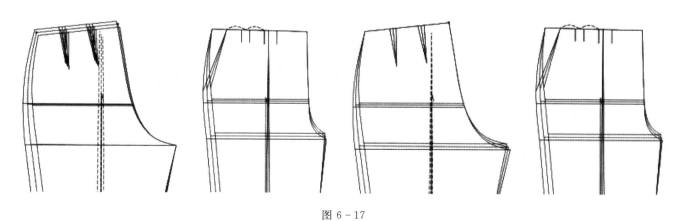

图 6-17

5. 利用"万能笔、点放码和放码对齐"这三个工具，把裁片调整完全，最终完成的放码图。如图 6-18 所示。

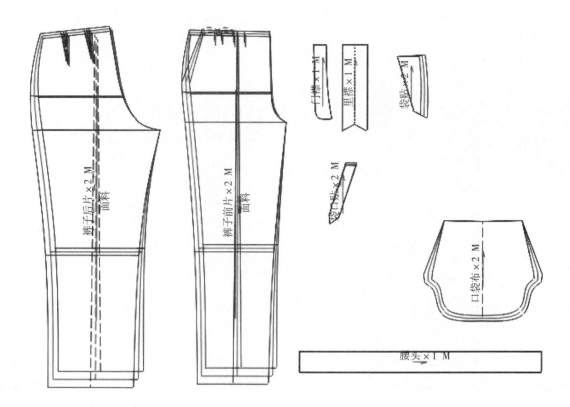

图 6–18

二、裤子排料

首先保存已放好码的裁片，在服装大师软件中切换到排料系统。

1. 在排料方案管理中选择创建排料方案，如图 6–19 所示。

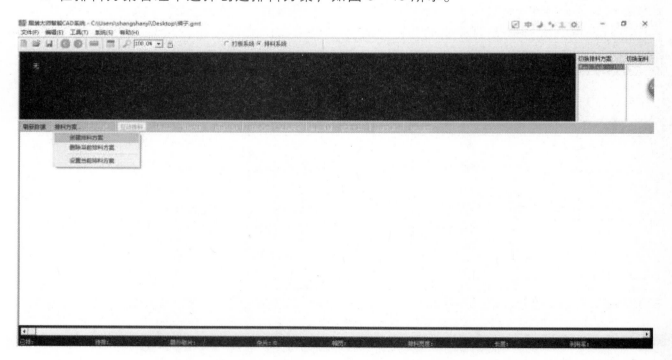

图 6–19

2. 选择当前款式中的本款式，填写规格，规格可根据服装的套数自行决定，然后填写材料方案名称，点击确定，如图 6‑20 所示。

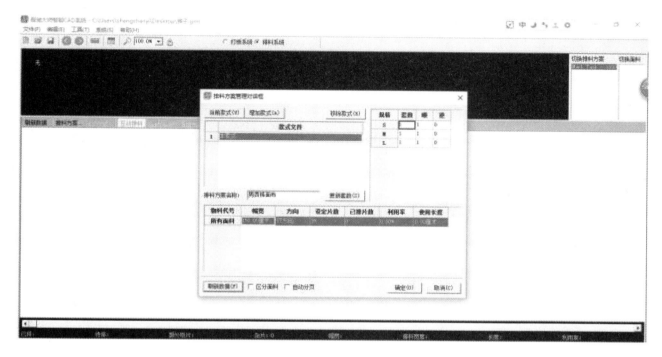

图 6‑20

3. 这时服装大师软件里会出现裤子的几个裁片，用鼠标选择裁片，既可以进行排料，如图 6‑21 所示。排料过程中可以使用刷新数据一栏中的各个工具进行排料，例如排料助理。

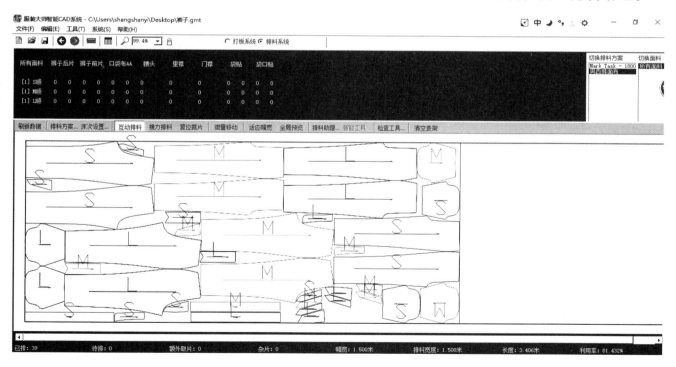

图 6‑21

4. 最终排料。

第七章　服装大师排料系统

一、进入系统（如图 7 - 1 所示）

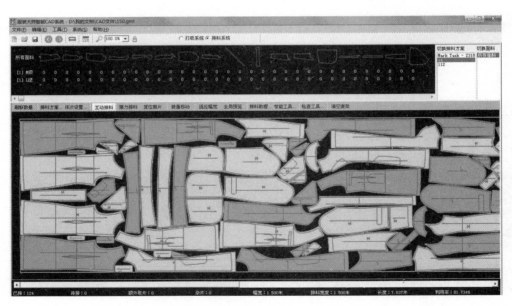

图 7 - 1

在打版系统点击屏幕上面的排料系统 ○打板系统 ●排料系统 即可进入排料系统界面。

二、主菜单使用说明

主菜单：文件(F)　编辑(E)　工具(T)　系统(S)　帮助(H)

● 文件：包括新建（N）、打开（O）、保存（S）、另存为（A）、导入 DXF（I）、导出 DXF（E）、导出 EXCEL（L）、导出 TAC（T）、关闭（C）、最近访问的文件、退出（X），如图 7 - 2 所示。

1. 新建（N）：同标准工具条中新建款式。按快捷键"Ctrl＋N"。

图 7 - 2

2. 打开（O）：同标准工具条中打开款式。按快捷键"Ctrl＋O"。

3. 保存（S）：保存当前款式，系统为自动保存，无对话窗口弹出。按快捷键"Ctrl＋S"。

4. 另存为（A）：把当前文件保存到另外一个指定的位置。

5. 导入 DXF（I）：转换 DXF 文件为 gmt 格式的文件。

6. 导出 DXF（E）：将 gmt 格式的文件转换为 DXF 文件。

7. 导出 EXCEL（L）：是将当前款式排料信息全部生成 EXCEL 表格。

8. 导出 TAC（T）：此功能是用于生成裁床所需要的文件。将当前排料单导出到 TAC 文件，该 TAC 数据兼容"和鹰""拓卡奔马"及"川上"裁床。

注：此文件生成的数据有缝边、刀口、打孔（圆孔、方孔）和指定切割要素。

9. 关闭（C）：关闭当前款式文件，返回主界面。

10. 最近访问的文件：系统会记录最近访问 10 个款式的文件。

11. 退出（X）：退出当前操作系统。按快捷键"Alt＋F4"。

● 编辑：编辑包括撤销（U）按快捷键"Ctrl＋Z"、恢复（R）按快捷键"Ctrl＋Y"。

● 工具：工具包括打印马克图（P）按快捷键"Ctrl＋P"、切绘一体机输出（M）、切割机（C），如图 7-3 所示。工具主要是用于输出的（具体见第六章）

● 系统：系统包括系统选项（O）、设置绘图仪（L）、设置切割机（C）、设置切绘一体机（D）、设置打印机（R）、规格表，如图 7-4 所示。

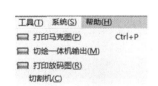

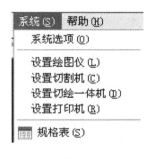

图 7-3　　　　　　　　　　　　图 7-4

● 设置绘图仪（L）。

服装大师笔试绘图仪的设置：通讯端口：串口；绘图语言：HP/GL2；误差补偿系数：纵横默认为 1，是用来校正误差的；幅宽：根据绘图仪的型号来选择一般不大于绘图仪的最大绘图宽度；段长：一般选择 0.4 米；波特率：9600；笔定义是用于切绘一体机设置使用，在这里是对笔式绘图仪输出的设置，如图 7-5 所示。

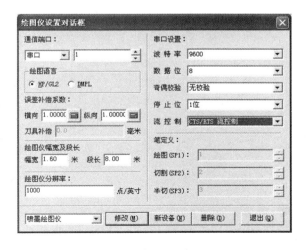

● 服装大师喷墨绘图仪的设置有两种输出方式，串口输出和网线输出。

图 7-5

方法一：串口输出包括通信端口：串口；绘图语言：HP/GL2；误差补偿系数：纵横默

认为 1，是用来校正误差的；幅宽：根据绘图仪的型号来选择一般不大于绘图仪的最大绘图宽度；段长：一般大于等于排料长度即可。波特率：115200；流控制：无流控制，如图 7 - 6 所示。

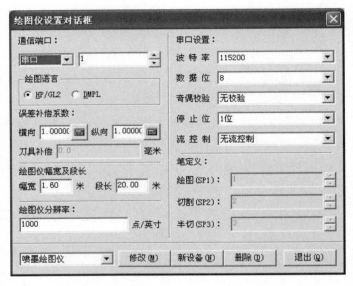

图 7 - 6

方法二：网线输出包括通信端口：TCP；后面的 IP 地址是 192.168.1. X：6020，这里的 X 是根据每个绘图仪的 IP 地址而定。绘图语言：HP/GL2；误差补偿系数：纵横默认为 1，是用来校正误差的；幅宽：根据绘图仪的型号来选择一般不大于绘图仪的最大绘图宽度；段长：根据文件的大小而定；如果将内线、文字等全部显示的时候数据量比较大，适当的将段长设置短一些，如 3 米即可。文件小的话段长可以设置长一些，如 5~8 米都可以，如图 7-7 所示。

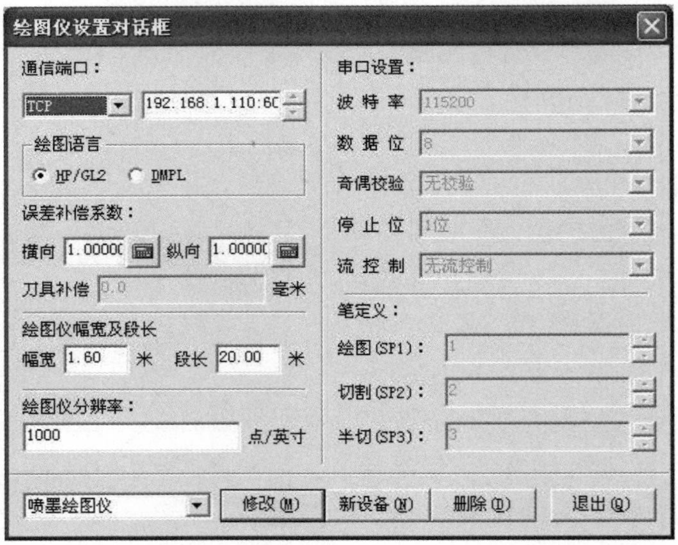

图 7 - 7

● 设置切割机（C）。

用于设置平板切割机在切割机的设置中：首先要选择的就是切割机的设备型号，在设备型号中系统默认有 90×120、90×150、120×150、120×180 和自定义。自定义是用于设置系统没有提供的型号，自己手动输入型号确定即可。

1. 通信端口：根据切割机的端口来选择。

笔：1，刀：3，根据切割机默认的代号来设定。

切割边：根据自己的需求来选择切割缝边线 & 净边线。

2. 指定切割：是用于是否切割指定切割要素，在打版里设置了指定切割，这里只要指定切割勾选上，排料里显示或不显示都是可以切割的，如图7-8所示。

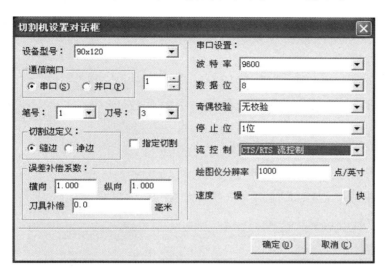

图 7-8

● 设置切汇一体机（D）用于设置切绘一体机。

通信端口：串口；绘图语言：HP/GL2；误差补偿系数：纵横默认为1，用于校正比例的。幅宽：设置为切绘一体机的最大输出幅宽即可。段长：0.4米；分辨率：1000；串口设置：波特率：9600，数据位：8，停止位：1，流控制：CTR/RTS流控制。笔：1，刀：3；切割边根据需求选择切割净边还是缝边。切割长度：X 毫米。虚线间隙：X 毫米，是用于设置刀切留白的部分。X 是可以根据情况设置的，如图7-9所示。

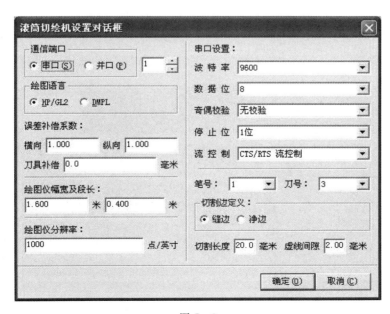

图 7-9

注：误差补偿系数操作方法：再设计系统画一个 50cm × 50cm 标准的图形，生成裁片（缝边为零），在排料系统输出，然后点击误差补偿系数后面的图标 ，弹出计算比例系数对话框，设计尺寸，即画图的尺寸与实际尺寸即实际测量的尺寸填好确定即可，包括横向（屏幕的 x 方向）和纵向（屏幕的 y 方向）。

● 串口查看方法：在所有的串口输出中都要根据电脑来选择相应的串口，如何选择相应的串口，首先要检查电脑串口。方法如下：

在桌面上右击我的电脑→属性→硬件→设备管理器，弹出如图 7–10 所示的对话框；

查看端口显示 COM5，就将串口设置为 5 即可。

● 设置打印机（R）：对打印机进行设置。主要用于连接小打印机做迷你马克图输出。在连接打印机之前首先要在控制面板中添加打印机。也可以通过开始→打印机和传真，然后添加打印机。同时还可以通过添加虚拟打印机将排料单打印到图片，如 JPG、PDF 格式的图片，如图 7–11 所示。

图 7–10

图 7–11

（一）排料界面工具介绍（如图 7–12 所示）

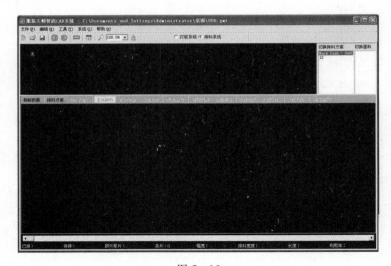

图 7–12

（二）标准工具条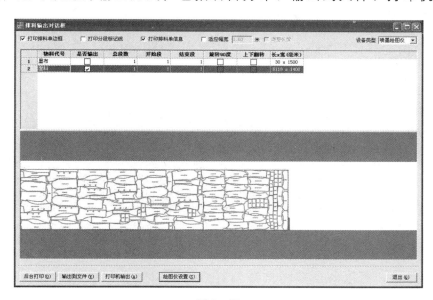

除箭头所指的工具全部同打版系统功能单击"打印" 🖵 弹出排料输出对话框，在这里可以选择打印内容，包括打印排料单边框、打印分段标记线、打印排料单信息、适应幅宽，也可以选择设备类型，还可以选择输出方式，包括后台打印、输出到文件、打印机输出。

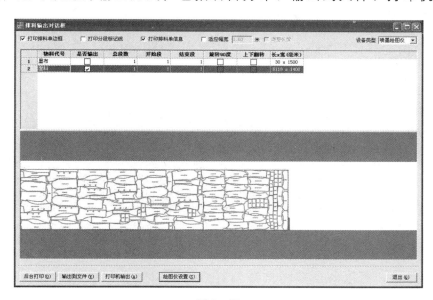

图 7 - 13

（三）排料工作区菜单操作说明

| 刷新数据 | 排料方案... | 床次设置... | 互动排料 | 接力排料 | 复位裁片 | 微量移动 | 适应幅宽 | 全局预览 | 排料助理... | 智能工具... | 检查工具... | 清空麦架 |

● 刷新数据：对打版系统中如有参数或版型等其他的任何改动确认后刷新到排料系统中，进行更新联动，点此按钮即可。（打版系统和排料系统中数据联动功能）。

● 排料方案：包括创建排料方案、删除当前排料方案、设置当前排料方案、创建排料方案。

注：系统有一排料方案直接双击设置排料方案即可。

1. 单击创建排料方案，弹出对话框，也可以双击排料界面右上角的 Mark Task - 5862，如选择"当前款式"按钮为打版系统里的当前款式文件，若要排其他款式或增加其他款式，可点击"增加款式"按钮，下面即相应显示该款式的基本信息。

2. 左键选择款式名称。右上角显示号型和套数并可编辑。

3. 在排料方案里，可以选择是否区分物料，不分物料即表示所有物料下的裁片全部放在同一排料方案下。

4. 可以设置是否自动分页，一般用于锁定每页的长度来排，如切割机样板输出，每段设120cm，即分每页都锁定120cm，下一段又可重新对齐，依次对照看。

说明："套数"为总套数的意思。"顺"和"逆"不管各设置多少套，加起来的总套数都等于前面的"总套数"的数量。

"顺"就是取下裁片的纱向方向（裁片方向）待排区内的小样裁片方向排下来的默认方向。"逆"是指从待排区取下的裁片纱向和裁片都为"顺"的 180 度旋转方向排列。

"更新套数"的按钮，设置好套数后点击该按钮可以更新套数设置，提高了操作反应速度。

(1)"－513218378"排料文件里的衣片全部一个方向的前提是在床次设置下的布料方向为

单方向并且套数设置里全部为顺或全部为逆。

(2) "－513218377"排料文件里要求一件衣服一个方向的前提是在床次设置下的布料方向为单方向并且套数设置里有顺或有逆。

● 删除当前排料方案：在切换排料方案里选择要删除的排料方案时选中的排料方案显示为蓝色底纹，单击排料方案里的删除当前排料方案即可，如图 7－14 所示。

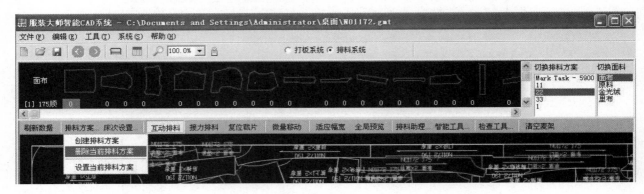

图 7－14

● 设置排料方案：点击设置排料方案也可以直接双击当前排料方案弹出对话框，和创建排料方案的对话框相同。可以对当前的排料方案重新编辑。

● 床次设置：包括当前床次和条格设置。

● 当前床次：

(1) 点选"当前床次设置对话框"当前床次弹出当前床次设置对话框，设置好相应的排料参数，确认对话框即可完成。如图 7－15、图 7－16 所示。注意：当前床次，最主要的是只针对当前物料，对其他物料不影响。

(2) 在当前床次设置对话框里可以设置裁片的缩水率，这里的缩水可以是正数也可以是负数。这里提供两种缩水选项，"面料缩水"和"纱向缩水"。

图 7－15   图 7－16

注：面料缩水是指在排料里面裁片怎么旋转的。

① 经向缩水为整幅面料的经向缩水（屏幕的横向）；

② 纬向缩水为整幅面料的纬向缩水（屏幕的纵向）。

纱向缩水是指在排料里面的缩水是按照裁片的纱向来缩水的，经向是指纱向的方向。

● 条格设置。

点击床次设置下的条格设置弹出如图7-17所示对话框，在对话框中可以设置条格的类型，相当于将面料复制到电脑上，然后再进行排料，如图7-18所示。

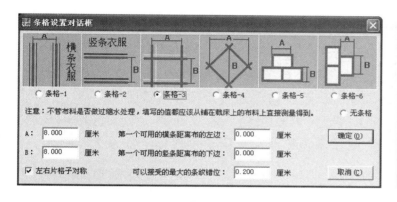

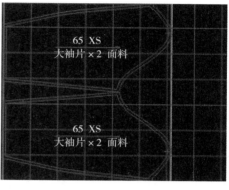

图7-17　　　　　　　　　　　　　　　　图7-18

（四）交互式排料

● 交互排料。

交互排料即人机互动排料，包含了压排，左键点选裁片下面的数字，取下裁片，然后移动鼠标到指定位置，再次单击鼠标完成压排；滑排，取下裁片后，按住"Shift"键不放，给定滑行方向，松开鼠标即可完成滑排。内在两种排料方式，用户可自由综合运用。

（1）在互动排料状态下左键点选排料界面裁片小样显示区各自裁片下面的数字，然后移动鼠标到下面的排料区，即完成取片功能，如图7-19、图7-20所示。

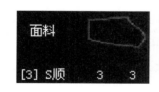　　　

图7-19　　　　　　　图7-20

（2）裁片下的数字代表当前这个裁片的片数，左右数字代表正反片数，鼠标单击一次片数，为取一片下来。最左边的是套数、号型排料方向显示栏。

（3）在互动排料中还可以进行裁片的复制。框选要复制的裁片（此时要复制的裁片被选中，并跟随鼠标移动），然后按"C"键，就可复制出一份选中的裁片，原裁片放置到原来的位置，而复制出来的裁片以选中的状态跟随鼠标移动，这时就可以用压排或滑排来处理新复制出来的裁片。当裁片小样显示区裁片下面的数字为0时，则不能复制。

（4）在互动排料下，裁片下面的数字为0时，按住"Ctrl"键不放单击数字，这时候为额外取片，在待排区中的数字会变为负数。

（5）鼠标双击小样区里面的裁片，为所有号型的当前裁片各取一套下来；双击左边的号型，为当前这个号型下的所有裁片各取一套下来。

（6）在排料小样区用鼠标框选裁片下面的数字，被框选中的所有裁片全部都取下来，系统会自动对取下的裁片进行自动大概放置。

● 接力排料。

操作方法："接力排料"按钮是个开关选项，选中表示启用接力排料功能，反之为关闭该功能，启用该功能之后，工具会自动记住最后一次取用的小样区裁片，当在排料空白区单击鼠标左键时，会自动取下一个记忆的裁片用于当前排料。

注：如果裁片套数为 1 则没意义。

● 复位裁片：是针对被旋转过或被翻转过的裁片恢复到原始状态的处理。

如这个裁片被旋转了 2 度，按下"复位裁片"或"R"键，恢复到原样。

● 微量移动：即对裁片进行微调，如微量重叠或间隙。选择裁片后，通过键盘上的"上、下、左、右"方向键来完成。进行微量调整时，系统将自动显示微量重叠的量。

● 适应幅宽和全局预览：都是排料图的显示方式按钮。适应幅宽，如某区域被局部放大后，点击此按钮，为幅宽最大化显示；全局预览为宽度加排料长度整体全部最大化显示。

● 排料助理。

下面包括裁片显示、转到尾部、整体复制、整体旋转 180˚、整体左右翻转、整体上下翻转、分割裁片、文字标注、辅助线，如图 7-21 所示。

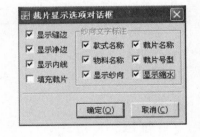

（7）裁片显示对话框用于选择要输出的裁片信息，在默认状态在只输出缝边、号型、纱向，勾选项即为输出项，在打版里做的标记在排料里是为必输出部分。

注：显示缩水这里所显示的缩水是指打版系统里设置的缩水，排料缩水的显示不受此控制。

图 7-21

● 分割裁片。

在排料过程中将裁片进行分割。操作方法：在所要分割裁片的区域，按住左键不放，移动鼠标，确定分割线，松开鼠标左键，弹出对话框。在对话框内进行设置。可以设置缝边、分割的位置等。分割线必须超过裁片的外轮廓线，如图 7-22 所示。

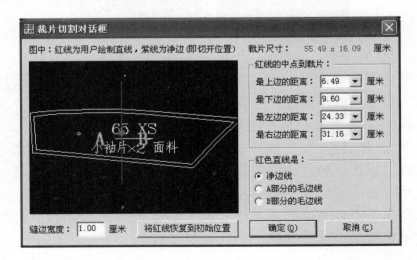

图 7-22

● 文字标注。

在排料助理下选择文字标注，然后在要标注的裁片上按住鼠标左键不放拖动，弹出"文字标注对话框"，在这里输入要标注的文字然后点击"确定"即可。在标注文字的位置单击鼠标右键，会弹出"是否删除裁片标注对话框"，点击即可删除裁片标注。

注：这里的文字大小默认为 1cm，并且只有在显示内线的时候才可以输出所标注的文字，并且在同 1 个裁片内只可以标注 1 次。再次执行只能是修改上次的裁片标注。

● 辅助线。

在排料助理下选择辅助线单击左键弹出设置对话框，设定好之后确定即可，右键单击为删除辅助线，如图 7-23 所示。

图 7-23

注：如果直接想从辅助线后面开始排料（前面没有排裁片），这个时候可以先强制压排（按"Enter"键），然后就可以从辅助线后面排料了。

此工具适用在如：S 和 M 排在一起，L 和 XL 码排在一起，中间辅助线隔开。在裁床拉高低层时会用到。注意：此辅助线如果在总排料长度之内，默认会打印出来。

● 转到尾部。

当排料区所排长度较长时，可直接点击转到尾部，此时可预览到尾部的排料效果。与适应幅宽的效果相似，只是适应幅宽显示的是最前端，转到尾部显示的是排料的最尾端。

● 智能工具：智能工具包括智能优化排料系统、自动核料。

智能优化排料包含了快速排料。紧凑优化、精确排料、单片输出功能。

● 检查工具：检查工具包括重叠检查、旋转检查、测量工具清除杂片。重叠检查、旋转检查是对排料图上重叠和旋转的裁片进行检查，显示出具体哪几个裁片重叠、旋转并显示权量。当排料区内没有重叠或旋转时，系统弹出无重叠或无旋转对话框提示，如图 7-24 至图 7-26 所示。

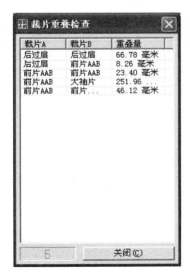

图 7-24

图 7-25

图 7-26

● 测量工具。

测量工具是用于测量排料图的长度。鼠标左键点击起点，然后按住左键拖动鼠标到终点，松开鼠标即可显示长度，如图 7 - 27 所示。

图 7 - 27

● 清除杂片。

杂片是指在排料区中白色线右边的裁片，在排料的下面显示有杂片数量。清除杂片是用于清除工作区以外的杂片，清除之后会返回到待排区，如图 7 - 28 所示。

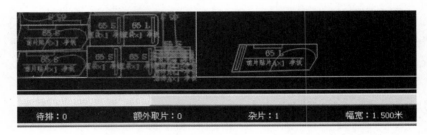

图 7 - 28

● 清空麦架：对排料区里面的所有裁片进行删除到上面待排区。

（五）裁片间距单边设置量

在互动排料工具下，鼠标右键单击需要单边设置的裁片小样，如图 7 - 29 所示。

单击鼠标左键的"向右按钮" ⇨ 为选择需要设置的缝边，继续点击为下一条边；"向左按钮" ⇦ 为选择上一条边，在数字栏 0.00 厘米里输入数字（正数为间距量，负数为重叠量），点击"添加"进行确定，删除为删除所设置的量。"全部清除" 全部清除(E) 为清除所设置的所有的量，设置完成后退出即可。

● 裁片数量编辑。

单击鼠标右键小样区中的"裁片片数编辑对话框"（注意：该功能只有在互动排料功能下才有效），弹出裁片数量编辑对话框，如图 7 - 30 所示。

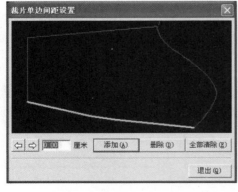

图 7 - 29

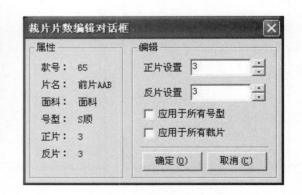

图 7 - 30

注：裁片数量设置好后，如果执行了"刷新数据"功能，则裁片数量自动恢复到原始排料方案数据，此时相当于是临时数据。

第八章　输入与输出

第一节　数字化仪的输入

一、数字化仪输入的操作步骤

1. 在欢迎界面中点击"数字化仪"或点击"工具"下"数字化仪弹出新建款式对话框"；输入款式名、设定对应的号型，选择基准码；也可以选择原有款式（选"否"），然后接着输入裁片选择对应的端口点起始即可读图输入。

2. 轮廓线输入：从裁片的端点（转折点）开始："1"键表示顶点（转折点）；"3"键表示曲线上点，"1"和"3"依次反复输入。至最后1条线输入完成后，鼠标对准起始端点按"1"键，为轮廓线自动封闭。

3. 如需撤销上一步或退回上一个线段按"D"键，需要恢复按"E"键。

4. 在数字化仪有效范围的任何位置，按"F"键为生成裁片。系统默认给出定义裁片名、物料等。号型以在建立规格表时选择的基码为准。

5. 输入轮廓线上的刀口：连续按"4"键，直到刀口全部输入完毕。

6. 内线输入：同轮廓线输入一样。"1"键＝顶点；"3"键＝曲线点。按"C"键结束此端输入，如下一个内线（与上一条内线无任何连接的情况下）继续按"1"键或"3"键，结束此段，按"C"键。

7. 独立点打孔点按"0"键。依次输入，直到输入完毕。

8. 纱向线输入："9"键起点－－－－－－－－－－－－－"9"键纱线终点结束。

9. 按"A"键进行下个裁片输入。上个裁片自动添加到裁片面板里。

10. 数字化仪效正系数。

操作方法：画一个50cm×50cm标准的图形，然后输入进去，在软件里面测量输入进去以后的横向（屏幕的 x 方向）和纵向（屏幕的 y 方向）尺寸。然后，50÷50.25（假设结果）≈

0.995。将此系数填入进去即可。

二、网状图输入的操作步骤

1. 在欢迎界面中点击"数字化仪"或点击"工具"下"数字化仪弹出新建款式对话框"，输入款式名、设定对应的号型，选择基准码，也可以选择原有款式（选"否"），然后接着输入裁片选择对应的端口点起始即可读图输入。

2. 选择一个基码按单码读入的方式生成裁片。裁片的边数要大于 2，否则将不能生成裁片。

注：读出外轮廓线之后生成裁片，再读内线。在读轮廓线时有刀口的地方读 1 个曲线点 3 进去，方便后面对刀口进行放码（此时不要读 9-9 校正纱线）。

3. 将裁片上的刀口读进去，按 4 键，注意刀口的方向是有游标控制的，在读的时候游标偏向左边，刀口就偏向左边，相反就往右偏。

4. 再进行每个点的点放码，在放码的时候基码按 5 键（放码）从小码到大码依次按 2 键（要跳过基码）进行点放码处理。其余点按此方法依次输入。

5. 刀口放码的话要在有刀口的地方读 1 个曲线点 3 进去，然后同顶点放码一样操作，"5"键捕捉刀口，"2"键放码。

三、读图实例

1. 单码数字化仪读图的顺序如图 8-1 所示。

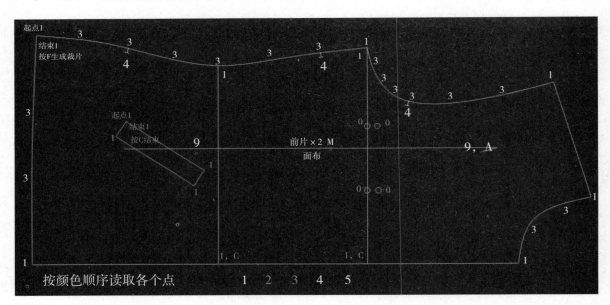

图 8-1

在读图的过程中按颜色顺序读：第一步读白色；第二步读紫色；第三步读红色；第四步读蓝色；第五步读黄色。

曲线点的多少直接决定着曲线的造型，与万能笔工具绘图相似。

2. 网状图数字化仪读图的顺序如图 8-2 所示。

注：图中绿色线为基码，在读图的过程中按颜色顺序读，第一步读白色；第二步读紫色；

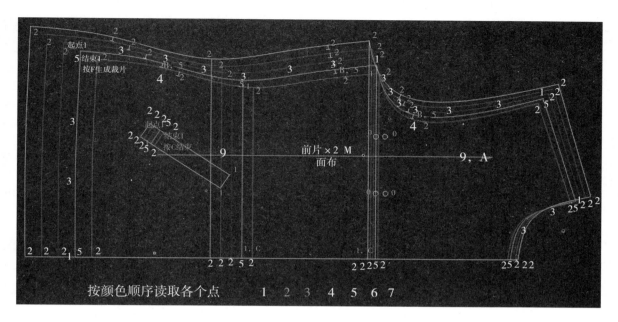

图 8-2

第三步读红色；第四步读蓝色；第五步读绿色；第六步读橙色；第七步读黄色。

（1）图 8-2 中绿色线为基码按单码读入的方式生成裁片。

（2）再进行每个点的点放码，在放码的时候基码按 5 键（放码），从小码到大码依次按 2 键（要跳过基码），进行点放码处理。其余点按此方法依次输入。

（3）刀口放码的话要在有刀口的地方读 1 个曲线点 3 进去，然后同顶点放码一样操作，"5"键捕捉刀口，"2"键放码。

（4）输入纱向线完成。

注：数字化仪的数据线不可与绘图机的数据线串联使用。数字化仪读入的文件不能修改尺码，再输入之前一定要确认好。

第二节　绘图仪等的设计输出

一、绘图仪打印输出

1. 先点击系统→设置绘图仪→设置好绘图仪的参数。

2. 排好的排料方案后，单击工具里的打印马克图（标准工具条中的 🖵）弹出"排料输出对话框"（包括打印排料单边框、打印分段标记线、打印排料单信息、适应幅宽），如图 8-3 所示。

这里打印排料单边框就是四周的一个线框；分段标记是指每一段都有一个虚线分开标示；打印排料单信息是指当前床次里面的号型配比、物料、缩水、利用率等信息。这些信息可以通过文件→导出到 Excel 表格中。适应幅宽是将超出幅宽范围的排料通过比例缩放打印到指定的幅宽，后面有一个调整长度勾选上是按等比例缩放。例如：排料幅宽是 148cm，面料的实际幅宽只有 147cm，这时候就可以适应幅宽至 147cm，这样就将 148cm 的排料单缩放到 147cm 打印

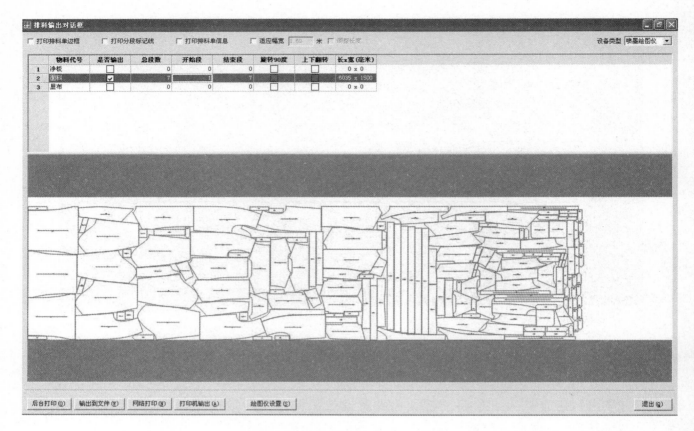

图 8 - 3

出来了（这时所有的衣片同比例放缩）。

● 后台打印。

如当前电脑直连接绘图机，可使用后台打印。确认后在排料系统里右上角有黑底红字显示：正在输出 35％ 取消打印直接单击右上角有黑底红字显示即可弹出是否取消打印对话框。

注：绘图仪的数据线一定要连接到插加密狗的这台电脑，并参数设置正确。

● 输出到文件。

生成文件为 PLT 格式文件，用 U 盘或输出中心输出打印。

● 网络打印。

客户机可通过网络服务器实现网络打印，此时绘图机一定要连接到主服务器这台电脑，并且绘图机要处于联机状态。客机的参数设置也要与服务器电脑的设置相同。

● 打印机直接输出。

A4 打印机直接输出（注意先要安装打印机）。系统提供了适应纸张、适应幅宽、适应长度、实际大小、自定义几种选项，如图 8-4 所示。

（1）适应纸张：以 A4 纸最大限度显示。

（2）适应幅宽：可以定义幅宽的宽度，然后长度按比例输出。

（3）适应长度：可以定义长度，然后幅宽按比例输出。

（4）实际尺寸：1：1 输出。

（5）自定义：自己定义比例输出。

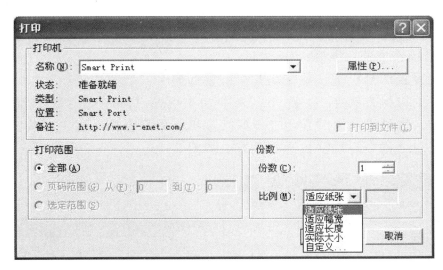

图 8 - 4

二、切绘一体机打印输出

1. 切绘一体机输出操作方法。

(1) 先在系统设置切绘一体机下选择好要切割的边，设置好切割长度、虚线间隙等参数。

(2) 将已排好的排料方案点击"工具"→"切绘一体机输出即可弹出输出对话框"（包括打印排料单边框、打印分段标记线、打印排料单信息、适应幅宽），所有操作同绘图仪输出。这时候要切割的线显示蓝色，直接点后台打印或者是网络打即可输出，如图8-5所示。

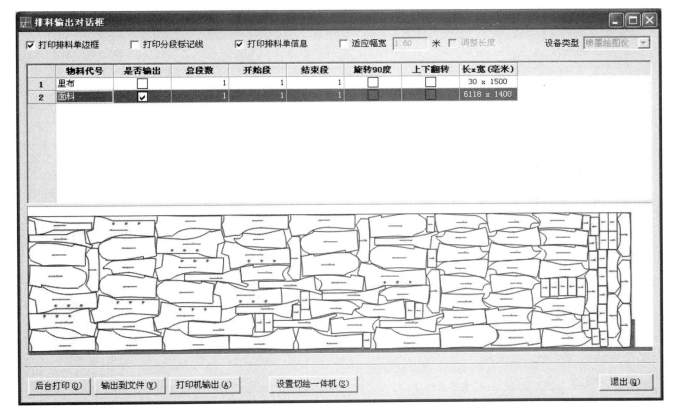

图 8 - 5

三、切割机打印输出

1. 切割机输出操作方法：

（1）先在系统设置切割机下设置好切割机的设备型号，切割边等参数。

（2）将已排好的排料方案点击"工具"→"切割机弹出打印对话框"，选择要输出的物料点输出或网络打印，会弹出一个"是否准备好切割机"提示窗口。点击"确定"即可切割。也可以在切割机输出对话框中对切割机进行设置。如图8-6、图8-7所示。

图 8-6

图 8-7

四、喷墨绘图仪输出：

● 网口输出。

将已排好的排料方案单击工具里的打印马克图（标准工具条中的 🖶）弹出排料输出对话框（包括打印排料单边框、打印分段标记线、打印排料单信息、适应幅宽），如图8-8所示。

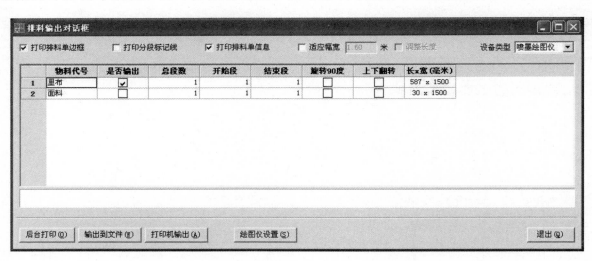

图 8-8

在设备类型里选择喷墨绘图仪，然后在绘图仪设置里设置喷墨绘图仪网口输出的参数。直接点后台打印即可输出。

说明：（1）这里的喷墨绘图仪是图王系列绘图仪。

（2）在连接时将连接绘图仪的网线插在交换机上，并且同一个局域网里的计算机的 TCP. 168. 1. XX 都要是手动分配（自动分配可能会造成 IP 冲突不能正常打印）。

（3）在打印时设备类型选择喷墨绘图仪。

（4）在选择网口输出时，端口要选择 TCP. 168. 1. XX：6020。这里的 TCP. 168. 1. XX 是绘图仪里的 IP 地址（从绘图仪的设置里查看），6020 是固定的。

（5）喷墨绘图仪要处于网络连接状态，（按比例＋联机）绘图仪上显示 Netreceive 这时候就可以打印输出了。

五、网络打印注意事项

1. 绘图机要连接到主服务器的电脑，这台电脑是插密码狗的电脑，连接完之后开启服务器程序。

2. 必须保证用于 CAD 工作组的局域网络彼此连接安全正常。

3. 所有客户机里绘图仪参数设置必须同主服务器里面的绘图仪参数设置一样。

4. 软件正在运行中，确保网络服务器程序不被中途停止和退出，不要插拔加密锁。

附　录

名称符号说明

轮廓线━━━━━━━：当只有一条粗实线时，表示这是完成线，缝份需另加。当实线与虚线并排时，虚线是完成线，实线为裁剪线。一般的服装裁剪图只有一条实线。

辅助线————：纸样中的细线，也称之为引导线或基础线，帮助你制作或解读纸样，也有的是虚线。

对折线‐ ‐ ‐ ‐ ‐：此处为对折处而非边缘，布料需双层对折裁剪，折痕对准此线，裁剪后尺寸不能剖开。

布纹线◆━━━━▶：箭头所指方向为布料的径向，即与布边平行的方向。

正斜线✕：需45°方向斜裁。

顺毛向━━━━▶：使用绒毛布料时，箭头所指方向即是绒毛倒伏的方向。

等分线⁀⁀⁀⁀：线段被平分成几个等份。

缩褶符号〰〰〰：需要大幅收缩，缝制后会产生细褶。

罗纹符号▨▨▨▨：使用罗纹或松紧带。

直角符∟————：表示这里是一个90°直角。

连接符——◎——：当纸样被分为两部分时，表明这里是连接处

归拢符 ⌒ ：缝制时需要稍缩拢，完成后不会产生明显褶皱。

拔开符 ⌃ ：缝制时此处需要拉伸、拔开。

重叠符✂：两部分纸样重叠在一起绘制，在实际裁剪时应该分开的部分。

单向活褶 ⬚⬚ ⬚⬚：注意褶子倒向左边和右边的区分。厢式褶两个并列倒向相对的褶子，注意倒向内侧与外侧的区别。

省 ⬚⬚ ⬚⬚：省的种类有很多，上面的叫丁字省，常见于裤子的要省。

⬚⬚⬚：下面的叫枣核省，常见于衣服的腰省。

注意：省与褶的区别。

合印 △ ▲ □ ○ ★纸样在不同的部分出现两个诸如此类相同符号时，表示缝合时这两个位置需对拢相连。

附录二　服装各部位国际代号

AH＝袖窿弧长	DB＝双排扣	MH＝中臀围	AS＝肘围 EL＝肘长	MHL＝中臀围线
B＝胸围	EP＝肘点	N＝颈、领	BC＝袖宽	ED＝前腋深
NP＝肩顶点	BD＝胸高	FL＝前长	NSP＝颈肩点	BN＝后领围
FN＝前领围	NWL＝背长	BNP＝后颈点	FNP＝前颈点	OS＝外长
PW＝乳间距	BP＝乳峰点	FR＝前直裆	PS－掌围	BR＝后直裆
FW＝前胸宽	SB＝裤脚口	BSL＝后肩线	H＝臀围	SL＝袖长
ST＝乳围	ST＝袖山	BW＝背宽	HL＝臀围线	SDS＝肩斜
CB＝后中缝	HS＝头围	SD＝腋深	CF＝前中缝	I＝内长
SSP＝肩袖点	CPW＝领尖宽	IL＝下裆长	TL＝裤长	CP＝领尖长
KL＝膝围	TR＝裤直裆	CW＝袖口宽	L＝衣长	TS＝腿围
W＝腰围	WL＝腰节线			

● 服装各部位代号

B＝胸围	W＝腰围	H＝臀围	N＝领围	S＝肩宽
L＝衣长	SL＝袖长	AH＝袖窿弧长	TL＝裤长	WL＝腰节
CF＝袖口	BP＝乳高点	NL＝领围线	OL＝立裆	HS＝头围
KL＝膝围线	EL＝肘线	NP＝颈点	BW＝背宽	BL＝胸围线
WL＝腰节线	HL＝臀围线			

● 国际服装通用代号

CO＝大衣	SS＝裙裤	TS＝T恤	PT＝裤子	SK＝裙子
VT＝马夹	TK＝夹克	SLO＝风衣		

表 1　服装各部位国际代号

部位	代号	序号	部分	代号
衣长	DL	15	臀围线	HL
裙长	SKL	16	腰围线	WL

（续表）

部位	代号	序号	部分	代号
袖长	SL	17	胸围线	BL
前腰节长	FWL	18	领围线	NL
后腰节长	BWL	19	肘线	EL
胸围	B	20	胸点	BP
腰围	W	21	肩点	SP
臀围	H	22	肘点	EP
领围	N	23	前颈点	FNP
肩宽	S	24	后颈点	BNP
前胸宽	FBW	25	颈侧点	SNP
后背宽	BBW	26	前片	F
袖口	CW	27	后片	B
总体高	G			

附录三　服装样版各部位线条名称

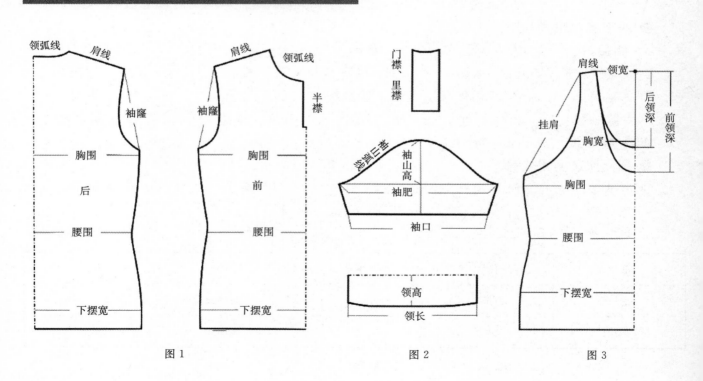

图1　　　　　　　　　　图2　　　　　　　　　图3

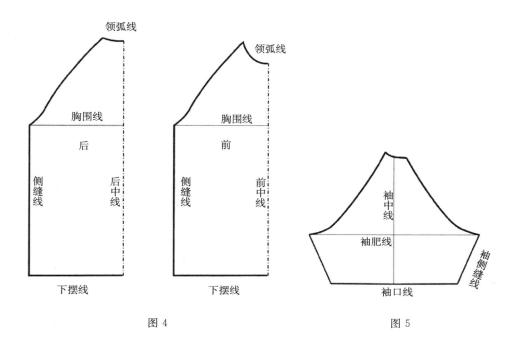

图 4　　　　　　　　　　图 5

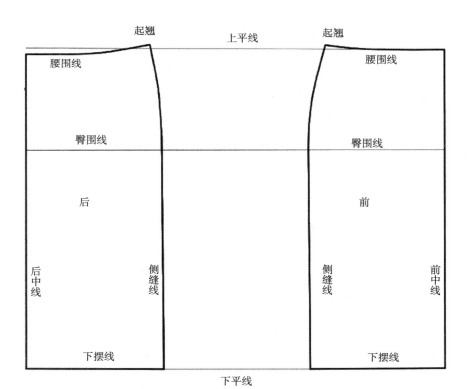

图 6

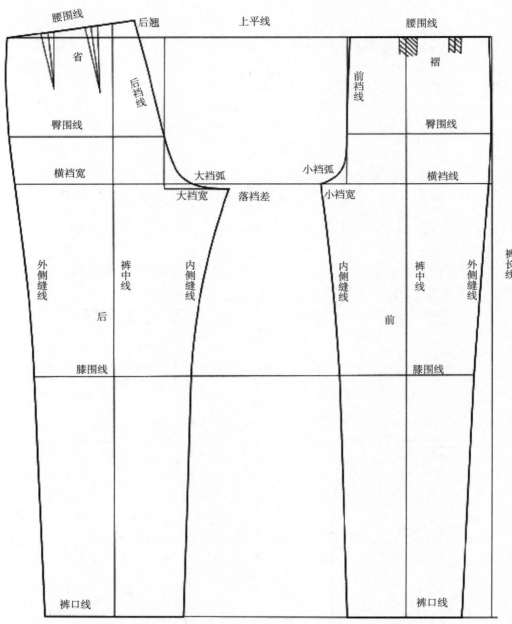

图 7

附录四　服装大师 CAD 系统的快捷键使用

● 功能操作帮助：F1。
● 捕捉模式。

定长捕捉输入栏：F2　比例捕捉输入栏：F3
角度捕捉输入栏：F4　切换到长度输入栏：F5

● 常用快捷键。

打开文件：Ctrl＋O　　　新建款式：Ctrl＋N　　　保存：Ctrl＋S

撤销：Ctrl＋Z　　　恢复：Ctrl＋Y　　　复制：Ctrl＋C　　　粘贴：Ctrl＋V

在任何工具下按空格键为切换到缩放工具，按住"Ctrl"键，鼠标拖动裁片为裁片移动，再按下空格键，为恢复到上次选择的工具。

镜像：按"H"键进行水平翻转，按"V"键进行竖直翻转。

裁片/隐藏缝边宽度的显示：Ctrl＋B　显示/隐藏所有要素的线长：Ctrl＋H

显示/隐藏所有裁片的内线：Ctrl＋I　屏幕图形顺时针旋转 90°：Ctrl＋F

在用万能笔画曲线时，可以利用"退格键（Backspace）"进行曲线回退。

万能笔工具下框选要素按"Delete"键为删除要素；也可以删除裁片的净边线（系统工具允许删除净边线的情况下），主要用于净毛转换的时候使用；切记不可以用于删除整个裁片。

万能笔工具下框选要素按"D"为单码删除要素。

在点放码中：按住 Ctrl 键，再点选或框选要放码的点即为加选放码点。

● 打版主工具条快捷键。

表 2　打版主工具条快捷键

万能笔：～或`	选择工具：Ctrl＋1	假缝圆顺：Ctrl＋2	裁片处理：Ctrl＋3
省处理：Ctrl＋4	展开处理：Ctrl＋5	标记工具：Ctrl＋6	测量工具：Ctrl＋7
弧线工具：Ctrl＋8	修改参数：Ctrl＋9	点放码：Ctrl＋0	
放码对齐：Shift＋1	联动修改：Shift＋2		

● 排料系统中的快捷键。

表 3　排料系统中的快捷键

快捷键名称	使用内容
Q、W 键	在互动排料下，完成顺逆 45°旋转
A、S 键	在互动排料下，完成顺逆 90°旋转
Z、X 键	在打版系统中不选择工具的情况下，使用 Z 键放大，使用 X 键缩小
Z、X 键	在互动排料下，Z、X 键完成顺逆 180°旋转
Delete 键	把裁片撤销（删回）到待排区，可框选
＋、－键	在互动排料下，完成顺逆按微调旋转量旋转
R 键	在互动排料下，将旋转过的裁片复位
上、下、左、右键	在微量移动工具下，为上下左右按微动量移动
上、下、左、右键	在打版系统中，为上下左右移动屏幕控制按钮
Ctrl 键	在互动排料下，按住此键为额外取片
D、F 键	在互动排料下，动态缩放 D 为缩小，F 为放大
Enter 键	在互动排料下，选中裁片后完成强行压排
C 键	在互动排料下，框选裁片后按 C 为局部复制
H、V 键	在合掌的方式下，为水平和竖直翻转裁片